江苏省自然科学基金青年科学基金项目(BK20220234)
江苏高校哲学社会科学研究项目(2021SJA1[illegible]
国家自然科学基金面上项目(51574223)
徐州工程学院学术著作出版基金

泥岩注浆浆液非线性渗流及其加固特性研究

金煜皓　韩立军　杨　硕　著

中国矿业大学出版社
·徐州·

内 容 简 介

开展西部地区泥质弱胶结岩体注浆浆液渗流及其所注加固体力学特性研究，对改善泥质巷道围岩稳定性具有重要意义。本书以内蒙古五间房煤田西一矿3-3号煤层底板弱胶结泥岩注浆为研究对象，开展了水泥基注浆材料与弱胶结泥岩物理力学参数特征、承压状态下粗糙裂隙注浆浆液非线性流动特性、承压状态下破碎泥岩注浆加固及其宏观-细观破坏特性、巷道底板泥岩注浆浆液扩散机制及加固控制效应研究。

本书可供从事泥质巷道注浆加固设计、施工和科研的技术人员参考使用。

图书在版编目(CIP)数据

泥岩注浆浆液非线性渗流及其加固特性研究 / 金煜皓，韩立军，杨硕著. — 徐州 ：中国矿业大学出版社，2022.11

ISBN 978-7-5646-5595-2

Ⅰ. ①泥… Ⅱ. ①金… ②韩… ③杨… Ⅲ. ①泥岩—软岩巷道—注浆加固—岩石结构—物理力学—研究②泥岩—软岩巷道—注浆加固—围岩稳定性—研究 Ⅳ. ①TD353

中国版本图书馆CIP数据核字(2022)第206997号

书　　名 泥岩注浆浆液非线性渗流及其加固特性研究
著　　者 金煜皓　韩立军　杨　硕
责任编辑 陈　慧
出版发行 中国矿业大学出版社有限责任公司
（江苏省徐州市解放南路　邮编 221008）
营销热线 (0516)83884103　83885105
出版服务 (0516)83995789　83884920
网　　址 http://www.cumtp.com　**E-mail**:cumtpvip@cumtp.com
印　　刷 徐州中矿大印发科技有限公司
开　　本 787 mm×1092 mm　1/16　**印张** 7.75　**字数** 148千字
版次印次 2022年11月第1版　2022年11月第1次印刷
定　　价 30.00元

前　言

我国西部地区特殊的成岩环境和沉积过程，形成广泛分布的泥质弱胶结地层，其强度低、易破碎，又因其富含黏土矿物，遇水易软化、崩解，部分呈强膨胀特性，导致此类泥质巷道围岩的完整性和强度大幅降低；加之地下采矿活动造成围岩应力重分布，进一步加剧围岩破裂损伤，极易造成围岩失稳破坏，引发工程灾害，给煤炭资源安全高效开采带来严峻挑战。注浆是改善此类破裂泥岩稳定性的有效手段，目前对注浆加固体力学特性研究较多，而对破裂泥岩注浆浆液渗透特性的相关研究较少，尤其缺乏泥岩注浆浆液非线性渗流方面的研究，因此亟待开展泥岩注浆浆液非线性渗流及其加固特性研究。作者科研组以破裂泥岩注浆为研究对象，通过自主研发的泥岩注浆试验系统，采用室内试验、理论分析和数值模拟相结合的方法，对破裂泥岩注浆浆液非线性渗流机制及其加固特性进行研究，为泥岩注浆方案设计提供理论和技术支撑。

书中大部分内容是作者近年来的学术研究成果，这些成果的获得离不开他人的帮助，感谢华润电力（锡林郭勒）煤业有限公司西一矿提供地质资料和试验岩样，同时对书中所引用文献的作者致以崇高的敬意！

感谢江苏省自然科学基金青年科学基金项目（BK20220234）、江苏高校哲学社会科学研究项目（2021SJA1103）、国家自然科学基金面上项目（51574223）等的资助；此外，编写过程中得到了苏善杰老师、王圣程老师、黄兰英老师、仇培涛老师、毕晓茜老师、马仁伟老师、许昌毓博士等的帮助，在此一并表示感谢。

本书由徐州工程学院学术著作出版基金资助出版，在此谨表感谢！

限于作者水平，书中在观点和方法上可能会存在片面性，恳请各位专家和读者批评指正。

著 者

2022 年 5 月

目　录

1　绪论 ………………………………………………………………… 1

　1.1　研究背景与意义 ………………………………………………… 1

　1.2　国内外研究现状 ………………………………………………… 2

　1.3　存在的问题……………………………………………………… 11

　1.4　研究内容和方法………………………………………………… 11

2　水泥基注浆材料与泥岩物理力学特性分析……………………… 14

　2.1　水泥基注浆材料特性分析……………………………………… 14

　2.2　泥岩特性分析…………………………………………………… 17

　2.3　本章小结………………………………………………………… 27

3　承压状态下粗糙裂隙浆液非线性流动特征……………………… 28

　3.1　承压状态下裂隙岩体注浆浆液流动可视化试验系统………… 30

　3.2　承压状态下不同水灰比对浆液流动特性影响………………… 38

　3.3　承压状态下裂隙不同粗糙度对浆液流动特性影响…………… 47

　3.4　承压状态下粗糙多裂隙注浆浆液流动特性…………………… 54

　3.5　本章小结………………………………………………………… 59

4　承压状态下破碎泥岩注浆加固及宏观-细观破坏特性 ………… 61

　4.1　承压状态下破碎泥岩注浆可视化试验系统及试验方案……… 63

　4.2　承压状态下破碎泥岩注浆加固体力学及宏观-细观破坏特性 …… 70

　4.3　本章小结………………………………………………………… 75

5　巷道底板破裂泥岩注浆浆液扩散机制及加固控制效应………… 77

　5.1　工程概况………………………………………………………… 77

　5.2　巷道底板泥岩裂隙-基质微孔注浆浆液扩散特性 …………… 78

5.3 巷道底板破碎泥岩注浆加固及稳定控制…… 92
5.4 本章小结…… 98

6 结论与展望 …… 100
6.1 主要结论与创新点 …… 100
6.2 研究展望 …… 102

参考文献…… 103

1 绪　论

1.1 研究背景与意义

注浆技术是预防破裂岩体工程失稳、破坏及渗流较好的工程手段[1-4]。具有一定黏度和胶结特性的浆液(例如水泥基浆液或各种化学浆液等)在外力(称之为注浆压力,由注浆泵产生)的推动作用下被注入岩体裂隙及孔隙中,浆液在裂隙和孔隙中流动,进而驱替裂隙和孔隙中原有的水分和空气,随着浆液逐渐凝固,浆液的黏度也不断增加,使得裂隙和孔隙中的浆液与岩体结构紧密地黏结在一起,形成具有高强度、高稳定性和低渗透性的注浆加固体,能极大地提高破裂岩体的强度和防渗性能,改善原破裂岩体的物理力学性能,从而有助于工程岩体稳定[5]。

作为一种常见的工程岩体,泥岩广泛存在于西北地区煤炭开采工程中[6-12]:我国西部地区特殊的成岩环境和沉积过程造成西部矿区广泛分布着中生代侏罗系、白垩系极弱胶结地层,该地层成岩时间晚、胶结性差、强度低、易风化,遇水易泥化崩解,多裂隙、孔隙[13-15]。泥岩的结构性及自承载能力较差,泥岩巷道开挖过程中极易出现冒顶、大变形和底鼓等工程灾害,给施工带来较大的安全隐患,不利于实现煤矿“绿色开采”[16-19]。注浆法给破裂泥岩工程的稳定和安全提供了技术保障,即通过注浆改善泥岩结构的力学和渗透性能,从而保证开挖工程顺利进行[20]。然而,以往对破裂岩体注浆研究,大多重点关注其注浆加固效果(例如加固体力学强度、注浆后浆液扩散距离等),而对浆液在岩体裂隙中的流动过程(即在注浆初始阶段,浆液在裂隙中的流动特性)关注较少[21-25]。实际上,浆液流动特性对于了解浆液在裂隙中的渗流扩散及加固机制至关重要。

承压状态下破裂泥岩注浆浆液非线性渗透特性及其加固体的力学特性和破裂机理是岩土力学的研究前沿和热点,也是实际泥岩注浆工程中亟待解决的关键科学问题。因此,研究破裂泥岩注浆浆液非线性渗流及其加固特性对泥岩注浆工程具有重要的理论价值和现实意义。

1.2 国内外研究现状

1.2.1 注浆材料

注浆材料的性能是影响破裂岩体注浆效果的关键，包括动力黏度、颗粒尺寸、流动性能和稳定性等，浆液的这些特性对浆液在岩体裂隙中的渗透具有显著的影响。不同的浆液渗透特性不同，造成的渗透范围、渗透效果及加固效果均不同。注浆材料的选取并不是一成不变的，而是要根据实际注浆工程岩体及环境特点选取适合的，从而达到较好的注浆效果。注浆工程对浆液的要求较为严格，主要有以下几个方面：浆液的流动性和稳定性、结石率、凝固后强度、收缩率、是否无毒无污染等[26]。

随着工业技术的发展与进步，注浆材料经历了初级阶段、水泥基注浆材料阶段及化学类注浆材料阶段 3 个阶段[27-30]。目前注浆材料主要有水泥基浆液、化学浆液及水泥-化学复合浆液。具体而言，水泥基浆液分为纯水泥浆液、水泥-黏土浆液、水泥-水玻璃浆液等[31-32]。纯水泥浆液的优点是来源广泛、结石率较高、凝固后强度较高、耐久性较好；但其缺点也较为明显，主要是其在流动过程中硅酸盐水泥颗粒易离析沉淀，使用过程中为避免此类现象应添加各种添加剂[33-34]。水泥-黏土浆液采用黏土作为添加剂来改善纯水泥浆液的稳定性，但其会对浆液的流动性造成一定的影响[35-36]。水泥-水玻璃浆液是在纯水泥浆液的基础上加入水玻璃，其作用是控制浆液的凝固时间，但其操作复杂，很容易产生离析现象，影响加固体强度[37]。化学浆液具有黏度较低、流动性好、颗粒尺寸小（易于被注入岩土体微孔隙中）等特点，近年来采矿工程常用的化学浆液主要有脲醛类、酚醛类、聚氨酯类。但化学浆液对环境有较大的影响，且有些化学浆液需要添加强酸进行固化，强酸会对工程设备造成影响[38]。勾攀峰[39]、杨秀竹[40]、郑玉辉[41]、阮文军[42]等均对各种水泥基浆液及化学浆液进行改进研究，取得了一些成果，但在浆液稳定性、易注性（可灌性）、流动性和黏性等方面存在一些缺陷。因此，简便、快速、稳定性和流动性好的注浆材料还需进一步研究。

1.2.2 裂隙岩体注浆浆液流动特性

1.2.2.1 裂隙岩体注浆浆液流动特性理论

流体一般分为牛顿流体和非牛顿流体，这是根据切应力与流速梯度之间的关系判定的，即流体切应力与流速梯度之间满足牛顿摩阻定律的流体为牛顿流体，其他流体为非牛顿流体。该关系式为：

$$\tau = \mu \frac{\mathrm{d}u}{\mathrm{d}y} \tag{1-1}$$

式中 τ ——切应力；

$\frac{\mathrm{d}u}{\mathrm{d}y}$——流速梯度；

μ——流体动力黏性系数。

基于流体流动时间和流变性关系，非牛顿流体可分为宾汉姆流体、假塑性流体和膨胀性流体。对于实际裂隙岩体注浆工程，根据水灰比的不同，其注浆浆液可被划分为牛顿流体和宾汉姆流体[43]。研究表明，当水泥浆液水灰比小于1.0时，浆液为宾汉姆流体；大于1.0时，可把浆液当作牛顿流体[44-45]。对于岩体单裂隙注浆浆液流动，刘嘉材[46]采用浆液流体微元平衡条件推导了二维光滑裂隙中牛顿流体径向流动扩散方程，从而获得了浆液扩散半径与注浆压力和注浆时间的关系。郑卓等[47]建立了动水条件下单裂隙浆液扩散数学模型，获得了浆液极限扩散方程。郝哲和杨栋[48]利用试验所得裂隙粗糙度指数公式，建立了黏度时变性浆液流体（牛顿流体及宾汉姆流体）在裂隙中的单向和辐向流动扩散方程。张良辉[49]理论研究了牛顿浆液注浆时间及浆液扩散范围之间的关系，并考虑了岩体裂隙粗糙度，获得了相应的计算公式。湛铠瑜等[50]建立了单一裂隙动水注浆扩散模型，并通过数值分析验证该注浆扩散模型的合理性。杨晓东和刘嘉材[51]基于浆液黏度不变及低雷诺数假设，推导出注浆压力在宾汉姆浆液流动过程中的衰减特征以及浆液在裂隙平面内的流动扩散公式。

对于岩体裂隙网络注浆浆液流动，Moon等[52]基于岩体裂隙渠道，通过取不同高度处的渠道近似模拟注浆过程中的浆液压力降，并考虑浆液黏度时变性，进而获得宾汉姆浆液在裂隙网络中的流动扩散特征。郝哲等[53]基于能量守恒，即结点流进能量等于流出能量的原理，假定裂隙网络内浆液的压力处处相等，且和裂隙结点处的浆液压力相同，在此过程中不考虑裂隙网络结点处的浆液能量损失，最后基于达西定律获得了浆液在裂隙网络中的流动规律。杨米加等[54]假定各裂隙相交点为裂隙结点，将连接结点之间的裂隙当做线单元，从而基于能量守恒即各线单元流向结点的流量与存储量变化相同，构建裂隙网络浆液流动扩散方程。罗平平等[55]考虑应力-渗流耦合条件，基于流体微元平衡原理，推导出浆液在裂隙网络内的流动扩散方程。

由国内外关于浆液在单一裂隙及裂隙网络中流动扩散规律研究结果可知，以往研究的裂隙多假设为固定隙宽的平行板光滑裂隙，而实际裂隙岩体往往处于十分复杂的应力状态且岩体裂隙具有极端不规则的粗糙结构，以往研究并没有考虑到裂隙不规则的粗糙结构以及应力状态对浆液渗流特性的影响。另外，以往裂隙岩体注浆研究所得的裂隙岩体注浆扩散公式多是在未考虑岩体裂隙所处应力状态的情形下对浆液最终扩散结果的一种描述(例如浆液注浆压力衰减规律及浆液最终扩散半径等)，少有对浆液在岩体裂隙整个流动过程进行描述，即对浆液在裂隙中流动特性的研究，如应力作用下浆液流体的总体积流速 Q 与压力梯度 Δp 之间的关系。目前裂隙岩体流动特性研究主要针对地下水，简述如下：

(1) 裂隙岩体流动特性

岩体单一裂隙是组成裂隙网络的基础，因此单一裂隙渗流规律是研究岩体多裂隙及裂隙网络渗流规律的基础和前提。单一裂隙流体流动遵循流体动力学基本原理，即满足 Navier-Stokes (N-S) 方程和质量守恒定律[56]：

$$\rho(\boldsymbol{u} \cdot \nabla)\boldsymbol{u} = -\Delta p + \mu \nabla^2 \boldsymbol{u} \tag{1-2}$$

$$\nabla \cdot \boldsymbol{u} = 0 \tag{1-3}$$

式中 $\boldsymbol{u}=[u,v,w]$——流体速度矢量；

Δp——注水压力梯度；

∇——梯度算子；

ρ——流体密度；

μ——流体动力黏度系数。

从理论上讲，给出 Navier-Stokes (N-S)方程组及一定的边界和初始条件，即可对液体流动特性进行求解。然而，由于 N-S 方程含有非线性项 $\mu \nabla^2 \boldsymbol{u}$，除在一些特定条件下，很难求出方程的精确解[57]。因此需对 N-S 方程进行简化，即通过忽略流体流动的惯性项(非线性项)以期求解出裂隙流动解析解，这就是裂隙流动立方定律[58]。单一裂隙中流体流动简化为只考虑黏性流的光滑平板流动，流体流动总体积流速 Q 与压力梯度 Δp 呈线性相关关系：

$$Q = -\frac{w b_{\mathrm{h}}^3}{12\mu}\Delta p \tag{1-4}$$

式中 w——光滑平行裂隙宽度；

b_{h}——裂隙水力隙宽。

由式(1-4)知，总体积流速 Q 与裂隙水力隙宽 b_{h} 的立方呈正相关，因而称该式为立方定律。上述公式忽略流体流动非线性特征(惯性项)而仅考虑线性特征(黏性项)的简单光滑平板流动。该公式仅能描述简单且流速很小的光滑平板层流，然而现实中的岩体裂隙多为曲面且复杂粗糙的裂隙。另外，岩土工程中裂隙流体流速较大，理想化简单化的立方定律显然无法适用这些复杂的情况[59-61]。基于此，有学者对立方定律进行各种修正，例如次立方定律、超立方定律以及广义立方定律(可考虑裂隙法向变形)等[62-64]，试图描述更为复杂的裂隙流体流动特征。然而，这些公式之间以及它们与实际裂隙流体渗流情况仍存在巨大差异，对于同一问题用这些公式计算的结果差异很大，这显然是不符合实际的。

目前对水在天然粗糙单裂隙渗流特征机制的认识还很不完善，而对于浆液而言，这种认识则更加不完善。此外，针对裂隙流动特性的试验研究相对较少，尤其是考虑承压条件下，这是因为承压状态的改变实际上是对裂隙宽度的改变，而现有试验很难模拟在承压状态下的裂隙宽度的改变，无法体现出裂隙受到法向应力后由大变小的变化过程，且流体在裂隙中的实时流动状态难以可视化观测、注水(浆)压力条件下的裂隙密封较难实现等。

(2) 裂隙岩体非线性流动特性

在采矿、隧道、水利、大坝等工程中，越来越多的试验和监测资料表明水在裂隙中的流动规律并不严格符合线性达西定律(或立方定律)，即水力坡降与渗流速度不是呈线性相关关系，而是呈非线性相关关系。分析认为，造成水力坡降与渗流速度呈非线性关系的原因可能是由于流体压力梯度逐渐增大，渗流速度也越来越高，流体速度损失不仅是由黏滞力造成的，更多的是由惯性力造成的，最终惯性力将取代黏滞力成为造成流速损失的最主要因素[65-69]。流体流动根据研究对象不同可划分为多孔介质和裂隙介质非线性流动，而基于流体进入非线性流动时流速的大小，流体非线性流动又可分为低速非达西渗流和高速非达西渗流。对于多孔介质和裂隙介质非线性流动而言，以往研究多集中于多孔介质的非线性流动，且在理论、试验及数值模拟方面均取得一些成果[70-72]，然而对于裂隙岩体的非线性渗流研究成果较少。Forchheime(福希海默)定律广泛应用于描述复杂粗糙裂隙岩体中的非线性渗流特征[73]，其表达形式为：

$$-\Delta p = AQ^2 + BQ \tag{1-5}$$

式中，A 和 B 分别代表流体流动过程中非线性特征和线性特征所引起的水(浆液)压力降，并受裂隙形态和水力梯度影响，一般由大量试验数据拟合得出。

总言之，由于地下水在裂隙中的非线性流动过程难以实时观察和精确测量，导致水在裂隙中的非线性流动机制尚不完全明确，而浆液各方面参数特征又显著复杂于水，其在裂隙中的流动特征将更加复杂，亟待进一步研究。

(3) 裂隙岩体渗流模型

无论是地下水还是浆液，其在岩体中的流动均是沿岩体内的裂隙孔隙流动的，岩体内部不同的裂隙孔隙通道形状直接决定流体流动路径及其流动特征，对于浆液来说，也影响着浆液最终的注浆效果。因此若要研究岩体裂隙内的渗流特性，就需要先研究岩体裂隙孔隙渗流特征，这是进一步研究浆液在岩体裂隙孔隙中流动特性的基础。针对岩体裂隙孔隙渗流特征的研究，主要包括以下理论研究成果[74-75]：

① 多孔介质理论模型

多孔介质理论假定岩体裂隙内部结构包含众多孔隙，类似土体中的孔隙，而且这些孔隙之间是相互贯通的，流体就在这些贯通的孔隙中流动。而对于注浆工程而言，浆液亦沿着这些连通的孔隙通道流动。根据孔隙分布特征，可进一步将多孔介质岩体分为各向同性多孔介质和各向异性多孔介质。

② 等效连续介质理论模型

等效连续介质理论认为虽然岩体中含有大量的孔隙裂隙等结构，但可以基于渗透率张量，采用等效的方法将岩体内不同的裂隙孔隙等效成为各向异性连续介质，继而采用经典的 Biot 孔隙介质渗流分析方法描述岩体渗流[76-81]。等效连续介质模型的最大优势是使用范围较广，若某岩体 REV(Representative Elemental Volume，岩体代表性体积单元)存在且大小适当(研究区域的 1/20～1/50)就可以采用等效连续介质模型进行分析研究[82]。该模型认为浆液在等效连续岩体中的渗透系数为：

$$k=\frac{\gamma\delta^3 m^2}{12\mu}\frac{A}{B} \tag{1-6}$$

式中 γ——浆液容重，kN/m^3；

δ——裂隙开度，m；

m——岩体平均裂隙密度，其中，$m=\frac{N}{L_c}$ (个/m)，N 为与注浆孔相交的总裂隙个数，L_c 为注浆孔长度(m)；

μ——浆液动力黏度，Pa·s；

A，B——系数，可由浆液性质确定。

陈平和张有天[83]采用等效连续介质理论及其变形本构关系对裂隙岩体渗流进行分析。王媛等[84-86]假设裂隙岩体应力场与渗流场为同一物理场，提出了基于等效连续介质的“四自由度”流固耦合模型，同时得到渗流场和应力场数值解。黄涛等[87]基于等效连续介质理论提出了裂隙岩体应力场和渗流场耦合数学模型。赖远明等[88]运用等效连续介质理论研究了寒区隧道应力场、渗流场、温度场耦合条件下的流体流动特征。然而，等效连续介质理论模型具有一定的局限性，即只能用来研究较为完整的岩体(岩体未发生破坏)且当渗流速度较大时(非达西流体)这种模型即失效[89]。

③ 离散裂隙网络介质理论模型

离散裂隙网络介质理论认为岩体是由渗透率极低的岩块和渗透率极高的裂隙构成的。岩体内部裂隙并不是规则分布的，而是杂乱无章地分布着，构成网络裂隙结构。通常，将裂隙贯通且流体连续分布的岩体称为连通性裂隙网络，而将裂隙不完全贯通且流体不连续分布的岩体称为非连通性裂隙网络，浆液在这些裂隙网络中流动的基础是浆液在单裂隙岩体中的流动[90-92]。目前，离散裂隙网络介质理论模型多被应用在裂隙岩体渗流计算中[93-96]，如在离散裂隙网络介质模型应用于裂隙岩体应力-渗流耦合研究方面，柴军瑞[97]运用应力场-渗流场耦合多重裂隙网络模型对岩体边坡稳定性进行研究。王恩志等[98]建立了二维裂隙网络渗流模型，并将其扩展到三维模型。

④ 裂隙-孔隙双重介质理论模型

裂隙-孔隙双重介质理论认为岩体裂隙内部是由岩块结构（即包含透水性差的孔隙）和导水性好的裂隙结构组成，孔隙是不贯通的，仅可以储水，而裂隙结构是贯通的，因而流体是在裂隙结构中流动，但一部分流体是储存在孔隙中的。Barenblatt 等[99]最初提出裂隙-孔隙双重介质理论模型，在一定范围内得到应用，然而该模型在实际应用过程中计算量巨大，不利于其应用和推广。因此研究者在该裂隙-孔隙双重介质理论模型的基础上进行改进，提出了“广义双重介质理论模型”[77]：为简化模型及规范裂隙特征，将密度大且数目多的孔隙及次生裂隙看作不透水的孔隙系统，而将数目少、密度较小但有较好导水效果的主裂隙作为裂隙系统，这样做的目的是规范及简化裂隙，从而减少计算量。Aifantis 等[100]构建了裂隙-孔隙双重介质变形与流体渗流耦合方程，基于该耦合方程研究了岩体变形和流体渗流特征。若按孔隙系统和裂隙系统各占比例划分，还可进一步将该裂隙-孔隙双重介质变形与流体渗流耦合模型划分为双渗透性模型、双孔隙度模型、双孔隙度-双渗透性模型[101-102]。刘先珊等[103]以等效连续介质理论和离散介质理论模型为基础，建立了连续-离散介质理论模型。该模型认为岩体内离散网络裂隙构成了流体流动的主干裂隙，而流体在裂隙网络中的流动行为则可由等效连续介质理论模型进行研究，故该模型本质上是一种裂隙-孔隙双重介质模型。裂隙-孔隙双重介质理论模型在一定程度上可以用来表述较为复杂的裂隙岩体渗流特征，但该裂隙-孔隙双重介质理论模型并未考虑岩体内裂隙结构的不均匀性及岩体各向异性对裂隙岩体渗流的影响，因而用该裂隙-孔隙双重介质理论模型所计算的流体流动结果与实际流体流动相差较大。

在以上裂隙岩体渗流理论模型中，裂隙岩体多孔介质理论和土体多孔介质理论较为相近，该理论较为成熟，因此较为广泛地应用在实际工程中。然而多孔介质理论模型将岩体内裂隙看成多孔介质，与实际岩体裂隙结构形态差异较大，故用该模型所描述的裂隙流体渗流及注浆浆液渗流与实际结果相差较大。离散裂隙网络介质理论模型与裂隙岩体结构较为相似且理论原理相对简单，因此也成为实际裂隙岩体注浆工程中应用较为广泛的一种理论模型。然而，由于裂隙岩体注浆浆液是在隐秘复杂的裂隙中流动的，离散裂隙网络介质理论模型无法较为精确地模拟裂隙中浆液的渗流特征。裂隙岩体裂隙-孔隙双重介质理论模型所描述的研究对象与裂隙岩体实际结构很相似，故该理论成为描述真实裂隙岩体渗流最准确的理论模型。然而目前对裂隙-孔隙双重介质理论模型的研究尚不完善，另外该理论的计算过程极为复杂，故该模型并没有很好地应用在实际裂隙岩体注浆浆液渗流分析中。

实际上，作为裂隙岩体渗流理论模型来说，其自身均有一定的优缺点，要构建适合于裂隙岩体注浆浆液渗流特点的理论模型，就必须针对具体岩体的裂隙结构、应力分布特征及浆液参数特征做出相应的选择和假设，使得理论模型可以描述应力条件及浆液参数特征对浆液在裂隙岩体中流动特性的影响，同时也要兼顾模型的实用性和可操作性。

1.2.2.2 裂隙岩体注浆浆液流动试验

由于在实验室模拟注浆浆液流动试验工作量较大，且注浆压力、试验中对岩体的密封性等较难掌控，故目前针对裂隙岩体注浆浆液流动模拟试验并不多[104]：奥地利科研团队利用类岩材料(水泥)制备了长方体混凝土块(2 000 mm×1 000 mm×1 000 mm)，继而运用人工劈裂的方式将该混凝土块劈裂成两部分，用来模拟裂隙，并将该裂隙用来进行裂隙注浆浆液流动扩散试验，从而构建了注浆压力、浆液流量及浆液扩散半径之间的关系；此外，还采用了两块 2 000 mm×300 mm 厚的钢板拼成裂隙，并对裂隙进行了不同粗糙度处理，以期模拟裂隙粗糙度对浆液流动的影响，进而研究了裂隙粗糙度、浆液流量及浆液扩散半径之间的关系及其相互影响。中国水利水电科学研究院自行研发了平板型注浆模拟试验平台，利用该试验平台，运用牛顿流体本构模型在平行光滑裂隙中建立了浆液流动扩散方程，得到了注浆压力、浆液黏度、浆液扩散半径和注浆时间之间的关系：

$$R = 9\ 005\sqrt[2.21]{\frac{(p_G - p_0)\,t\delta^2}{\mu}} + r_0 \tag{1-7}$$

式中 R——浆液最终扩散范围，cm；

p_G——注浆压力，MPa；

p_0——地下水压力，MPa；

t——注浆时间，s；

δ——裂隙开度，cm；

μ——浆液动力黏度，MPa·s；

r_0——浆液初始扩散半径，cm。

东北大学研发团队基于槽形反扁圆柱状试验台对裂隙岩体浆液渗流进行研究，获得了注浆压力、浆液扩散范围和注浆时间之间的关系：

$$R = 8.7p^{0.4978}K^{0.3647}\mu_0^{-0.4749}t^{0.1509}T^{0.3240}h^{0.2760} \tag{1-8}$$

式中 R——浆液最终扩散范围,cm;

p——注浆压力,MPa;

K——被注介质等效浆液渗透系数,m/d;

μ_0——浆液初始动力黏度,MPa·s;

t——注浆时间,s;

T——浆液胶凝时间,s;

h——注浆段高度,m。

杨米加等[22,54,105-108]基于自行研发的裂隙岩体注浆试验平台,通过改变注浆压力梯度及水灰比等条件,研究了浆液在光滑平行裂隙(裂隙开度分别为1 mm、2 mm)中的流动扩散行为,得到了注浆压力在浆液流动过程中的衰减规律;在此基础上,模拟裂隙网络中的浆液流动特性,即固定一组裂隙宽度不变,另一组裂隙开度设置成1 mm、2 mm和4 mm,结果表明对浆液流动扩散影响最大的因素是裂隙开度。杨坪等[109-110]在砾石层中进行浆液流动扩散试验,研究了注浆压力、浆液水灰比、地层渗透系数和孔隙度等因素对浆液渗流的影响,另外,他们还对注浆加固体的力学特性进行研究。张丁阳[111]以安徽朱仙庄煤矿的情况为工程背景,建立了可视化的裂隙岩体网络注浆浆液渗流试验系统,开展了渗流场、应力场和温度场耦合作用下的裂隙岩体动水注浆浆液流动扩散试验,获得了动水条件、温度及裂隙网络形态对浆液注浆压力、浆液扩散范围及注浆堵水效果的影响规律。

由国内外关于浆液在单一裂隙及裂隙网络中流动试验研究结果可知,与浆液扩散理论研究一致,试验大多是研究浆液扩散范围及压力衰减等,仍然没有对浆液在岩体裂隙内流动特性的研究,无法通过试验获得浆液流体流动速度 Q 与注浆压力梯度 Δp 之间的关系,故无法获得浆液的真实流动状态,不利于深入理解浆液在裂隙中的流动行为。就目前裂隙岩体渗流特性试验研究而言,仍主要使用地下水进行相关试验研究。

(1) 大尺度裂隙岩体渗流试验研究

Rau 等[112]利用树脂玻璃材料做成大尺寸(960 mm×960 mm×400 mm)渗流装置,装置内充满级配良好的饱和石英砂,通过改变水头差及采用溶质追踪的方法研究全饱和石英砂的渗透特性。Sharmeen 等[113]通过加工白云岩板状试样(尺寸为915 mm×605 mm×50 mm)并对板状白云岩施加载荷预制张拉裂隙,从而获得了板状白云岩裂隙渗流特性。Qian 等[114]基于裂隙岩体渗流试验系统研究了不同裂隙开度和裂隙粗糙度对裂隙岩体渗流特性的影响,结果表明流体渗流速度 Q 与水力梯度 Δp 呈近似指数相关关系。Liu 等[115]采用含预制裂隙的板状玻璃材料试样(尺寸为 500 mm×500 mm×15 mm),研究裂隙粗糙度、裂隙开度及裂隙网络交叉点个数对裂隙渗流特性的影响,结果表明水力梯度 Δp 与流体渗流速度 Q 呈非线性关系。这些研究成果进一步丰富了大尺度裂隙岩体渗流特性的研究,初步揭示了裂隙岩体中流体(主要是水)渗流过程中的流动特性(流体渗流速度 Q 与水力梯度 Δp 的关系),然而这些试验并没有考虑到应力场对裂隙渗流特性的影响,更未涉及浆液在裂隙中的流动,可以预见浆液在应力场影响下的大尺度岩体裂隙中的流动将更加复杂。

(2) 法向应力对裂隙岩体渗透特性影响试验

岩土工程中地应力等应力条件对裂隙的开启和闭合起到重要作用,故而研究裂隙岩体渗流特性应该考虑到应力条件的影响。Detournay[116] 预制花岗岩裂隙,通过给裂隙施加法向应力的方式研究应力条件对裂隙渗流的影响,继而基于实测流体流量采用经典的立方定律反算出等效水力隙宽,结果表明等效水力隙宽与该正应力作用下的裂隙闭合量呈线性关系。Bandis 等[117]、Goodman[118] 和 Bawden 等[119] 通过试验获得裂隙面荷载变形曲线:

$$\Delta a=\frac{\sigma_{n}a_{m}}{K_{n0}a_{m}-\sigma_{n}} \tag{1-9}$$

式中 Δa——正应力作用下裂隙面的闭合量;

K_{n0}——正应力为零时的裂隙面初始法向刚度;

a_{m}——机械隙宽;

σ_{n}——法向应力。

谢妮等[120] 采用引进广义 Biot 有效应力系数的孔隙弹性模型,建立了法向应力和孔隙水压力共同作用下的单一饱和裂隙变形非线性本构方程:

$$u_{n}=b_{m0}\left[1-\frac{1}{\ln\left(\frac{\sigma_{n}}{K_{n0}}+1\right)+1}\right] \tag{1-10}$$

式中 u_{n}——裂隙面法向位移;

b_{m0}——法向应力为零时的裂隙初始隙宽。

金爱兵等[121] 基于物理试验,提出了法向应力和侧向应力共同作用下的节理面水力开度公式:

$$d_{h}=f(d_{m0}-\frac{a\sigma_{n}}{1+b\sigma_{n}})\left[1-\frac{1}{A}(a_{x}\varepsilon_{y}+a_{y}\varepsilon_{x})\right] \tag{1-11}$$

式中 d_{h}——水力开度;

f——裂隙张开度降低系数;

d_{m0}——初始裂隙张开度;

a,b——常数；

$\varepsilon_x,\varepsilon_y$——$x,y$ 方向上的形变；

A——裂隙面积；

a_x,a_y——裂隙面在 x,y 方向上的边长。

Nolte 等[122]采用石英二长岩裂隙试样进行了裂隙渗流试验，结果表明裂隙刚度越大，其过流量越小。尹乾运用裂隙岩石渗流试验系统，开展应力作用下不同剪切位移粗糙单裂隙渗流试验，结果表明流体的渗流特性均可以用 Forchheimer 和 Izbash 公式进行拟合，即水力梯度 Δp 与流体渗流速度 Q 呈非线性的 Forchheimer 和 Izbash 关系[123]。此外，不少研究者也通过不同的试验方法对正应力影响下的裂隙岩体渗流特性进行了研究[124-133]。

1.3　存在的问题

通过分析归纳注浆材料、岩体注浆浆液流动等特性发现，尽管目前在破裂岩体注浆浆液渗流方面取得一定的研究成果，但由于泥岩工程所特有的复杂地质、应力条件，关于"泥岩注浆浆液非线性渗流及其加固特性"还有很多问题亟待进一步研究：

(1) 弱胶结泥岩内部孔隙结构特征是泥岩注浆浆液渗透特性等研究的前提和基础，然而，以往对此种泥岩内部孔隙结构并没有较为全面的研究和分析。

(2) 以往裂隙岩体注浆浆液渗透特性多是对浆液最终扩散结果的一种描述，例如注浆压力衰减规律、浆液最终扩散半径等，尚未有承压状态及裂隙粗糙结构影响下的浆液非线性流动规律的研究。

(3) 承压状态下，裂隙相互贯穿导致岩体破碎，以往对承压及环向约束条件下破碎泥岩注浆加固体力学特性及宏观-细观破坏特性研究尚不深入。

(4) 真实裂隙岩体注浆浆液流动是岩体应力-浆液流动的相互耦合过程，目前尚缺少这方面的研究。

1.4　研究内容和方法

1.4.1　研究内容

本书将采用实验室试验、理论分析和数值分析等方法，揭示泥岩注浆浆液非线性渗流及其加固机理。以内蒙古五间房煤田西一矿 3-3 号煤层底板弱胶结泥岩注浆为研究对象，围绕存在的问题进行研究，主要研究内容如下：

(1) 水泥基注浆材料与弱胶结泥岩物理力学参数特征

基于室内试验获得水泥基注浆材料及泥岩基础参数，揭示水泥基浆液流变性能及泥岩孔隙结构和力学特性，为注浆浆液渗透物理试验及数值试验泥岩模型提供基础参数。

(2) 承压状态下粗糙裂隙浆液非线性流动特性

基于实际工程弱胶结泥岩受力后“先裂隙后破碎”的破坏特征，首先对泥岩裂隙注浆进行研究，考虑实际软弱泥岩粗糙裂隙样本较难制作的特点，忽略泥岩从浆液中吸水的特性(因每组试验注浆时间极短)，选取高透明有机玻璃材料(PMMA)，利用自行研制的裂隙岩体注浆浆液流动可视化试验系统，模拟浆液在单裂隙和多裂隙中的流动过程，揭示承压状态下浆液水灰比及裂隙粗糙度对裂隙注浆浆液非线性流动特性的影响规律。

(3) 承压状态下破碎泥岩注浆加固及宏观-细观破坏特性

继泥岩裂隙注浆后，对破碎泥岩注浆进行研究，结合泥岩从浆液中吸水的特性试验，调试水泥浆液参数，利用承压状态下破碎泥岩注浆可视化试验系统开展承压状态下破碎泥岩注浆浆液渗透试验，揭示承压状态下破碎泥岩注浆加固体力学及宏观-细观破坏特性，同时为实际破碎泥岩巷道底板变形控制数值模型提供参数。

(4) 巷道底板破裂泥岩注浆浆液扩散机制及加固控制效应

以五间房煤田西一矿首采1302工作面底板修复为工程背景，利用数值分析方法研究巷道底板泥岩裂隙-微孔注浆浆液扩散特性，揭示浆液在泥岩裂隙-基质微孔中的渗透扩散规律；采用地质雷达、钻孔取芯等测试手段确定泥岩底板破碎区范围，继而基于承压状态下破碎泥岩注浆加固体力学特性试验结果，建立巷道围岩变形控制数值模型并分析注浆加固后破碎泥岩巷道底板变形特性及加固效应。

1.4.2 研究方法

本书综合采用实验室试验、理论分析和数值分析等方法，揭示破裂泥岩浆液非线性渗流及其加固特性研究。主要采用的研究方法如下：

(1) 采用扫描电镜(SEM)、压汞仪(MIP)、氮吸附仪和三维X射线显微成像系统(CT)等，获得泥岩的粒度组成、孔隙尺寸及分布；采用WDW-D100万能试验机进行泥岩试样力学特性试验。

(2) 利用承压状态下裂隙岩体注浆浆液流动可视化试验系统开展裂隙注浆浆液流动试验，以揭示浆液在裂隙中的非线性流动特性；利用承压状态下破碎泥岩注浆可视化试验系统开展承压状态下破碎泥岩注浆试验，以揭示承压状态下破碎泥岩注浆加固及宏观-细观破坏特性。

(3) 基于西一矿 1302 工作面底板泥岩孔隙特征,开展底板泥岩裂隙-基质微孔注浆浆液扩散数值试验,以揭示浆液在泥岩裂隙-基质微孔中的渗透扩散规律;基于实际泥岩底板破碎区范围和承压状态下破碎泥岩注浆加固体力学特性试验结果,采用巷道围岩变形控制数值模型分析注浆加固后破碎泥岩巷道底板变形特性及加固效应。

2 水泥基注浆材料与泥岩物理力学特性分析

2.1 水泥基注浆材料特性分析

水泥基注浆材料广泛应用于岩体注浆加固工程中，与化学浆液相比，其具有耐用、无毒、无味、价廉、强度高等优点[134]。普通水泥、混合水泥和超细水泥是三种常用的水泥基注浆材料[135]。注浆性能是决定注浆效果的重要因素之一，通过试验可以得到浆液的注浆性能，也可作为预测注浆加固体强度的已知参数。本节基于本课题组关于各种水泥基浆液性能的测试，对比分析了P·O 52.5普通硅酸盐水泥、P·F 32.5粉煤灰水泥和1250(D90)型超细水泥的颗粒细度、浆液流变等特性[136]，从而选择合适的注浆材料，为后文注浆试验浆液的选择提供参考和依据。

2.1.1 水泥材料基本力学性质及粒径分布

P·O 52.5普通硅酸盐水泥、P·F 32.5粉煤灰水泥及1250(D90)型超细水泥物理力学特性见表2-1，粒径分布见表2-2和图2-1。

表2-1 水泥材料物理力学性质

水泥种类	标准稠度/%	凝结时间/min		抗压强度/MPa		抗折强度/MPa	
		初凝	终凝	3 d	28 d	3 d	28 d
P·O 52.5普通水泥	28	155	210	34	57	6.0	9.5
P·F 32.5粉煤灰水泥	25	170	240	20	37	4.2	6.7
1250(D90)型超细水泥	30	145	190	29	52	6.4	9.7

由表2-1可知，超细水泥3 d与28 d抗压强度差异较大，说明其强度可调范围较大，且其抗压强度和抗折强度均较大，说明其物理力学性质良好。

表 2-2 水泥粒径分布 单位:%

水泥种类	水泥粒径/μm					
	<5	<10	<20	<30	<50	<80
P·O 52.5 普通水泥	0	6.8	27.8	65.1	87.3	96.0
P·F 32.5 粉煤灰水泥	0	1.2	6.8	18.2	55.6	72.1
1250(D90)型超细水泥	8.1	19.8	52.7	88.4	96.1	99.0

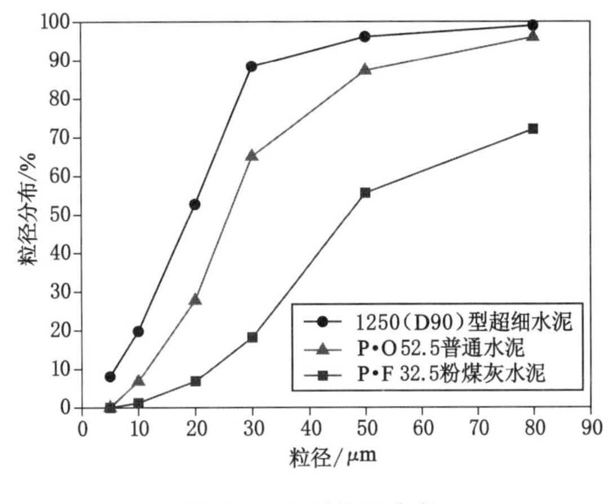

图 2-1 水泥粒径分布

由表 2-2 和图 2-1 可以看出,P·F 32.5 粉煤灰水泥的平均粒径最大,粒径在 30 μm 以下的颗粒质量百分比仅为 18.2%,而 P·O 52.5 普通水泥为 65.1%,1250(D90)型超细水泥为 88.4%。P·F 32.5 粉煤灰水泥的粒径较大,主要是因为其目标强度相对较低,不需要很细的颗粒来达到较为完全的水化,另一个重要原因是掺加的粉煤灰粒径比水泥大[137-138]。P·O 52.5 普通水泥需要经过较为完全的水化以实现其高强度,其粒径相对较小。1250(D90)型超细水泥其最小粒径可至 1.5 mm,最大外比表面积为 1 500 m^2/kg(一般大于 800 m^2/kg 即符合超细水泥标准),可有效封堵 10 mm 以下裂缝宽度。

2.1.2 浆液流变性能

水泥浆作为一种不可压缩流体,在岩土体孔裂隙中的流动规律与地下水相似。然而由于水泥颗粒的存在,水泥浆液流变性能受到注浆时间、浆液水灰比等因素的影响。浆液的流变性能对其在岩土体孔裂隙中的流动规律有重要影响,从而最终影响注浆效果[139-140]。研究表明,低水灰比(0.5~0.7)的水泥浆液可视为幂率流，中水灰比(0.8～1.0)的水泥浆液可视为宾汉流，高水灰比(2.0以上)的水泥浆液可视为牛顿流[141-142]。使用DV-2＋Pro数字式黏度计测试了不同水灰比下P·O 52.5普通水泥、P·F 32.5粉煤灰水泥及1250(D90)型超细水泥的塑性黏度，结果如图2-2所示。

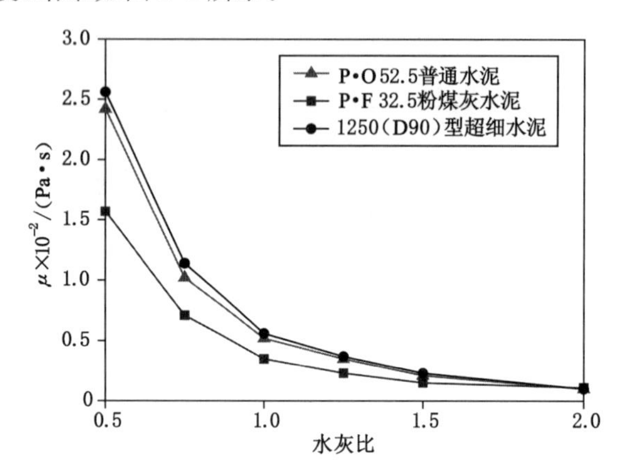

图2-2 水泥浆液随不同水灰比塑性黏度曲线

从图2-2中可以看出，随着水灰比的增加，3种水泥浆液的塑性黏度在水灰比0.5～1.5时迅速下降，在水灰比1.5～2.0时下降缓慢，到2.0时几乎相同。当水灰比为0.5～1.5时，1250(D90)型超细水泥黏度大于P·O 52.5普通水泥，P·O 52.5普通水泥黏度大于P·F 32.5粉煤灰水泥。

另外，浆液流动时间对水泥浆液的流变性能也有影响，故分别在0 min、10 min、20 min、30 min、40 min、60 min时间点制备水灰比为1.0的水泥浆液并测定其黏度，结果见表2-3。

表2-3 不同流动时间条件下水泥浆液流变性能

水泥种类	流变性能项目	流动时间/min					
		0	10	20	30	40	60
P·O 52.5普通水泥	τ_0/Pa	1.02	1.05	1.11	1.17	1.23	1.45
	$\mu\times10^{-2}$/(Pa·s)	0.52	0.55	0.62	0.71	0.95	1.71
	相关系数R^2	0.99	0.99	0.98	0.97	0.99	0.99
P·F 32.5粉煤灰水泥	τ_0/Pa	0.65	0.68	0.78	0.88	0.98	1.23
	$\mu\times10^{-2}$/(Pa·s)	0.35	0.37	0.42	0.54	0.75	1.32
	相关系数R^2	0.96	0.99	0.98	0.98	0.99	0.99

表 2-3(续)

水泥种类	流变性能项目	流动时间/min					
		0	10	20	30	40	60
1250(D90)型超细水泥	τ_0/Pa	1.11	1.07	1.12	1.18	1.25	1.50
	$\mu\times10^{-2}$/(Pa·s)	0.56	0.57	0.67	0.75	1.01	1.82
	相关系数R^2	0.96	0.99	0.98	0.95	0.99	0.99

图 2-3 所示为水泥浆液流动时间与塑性黏度关系曲线，从图中可以看出，各水泥浆液的塑性黏度随流动时间的增加而增加。浆液塑性黏度在 0～30 min 缓慢增加，在 30～60 min 增加较快。总体来说，相同流动时间条件下，1250(D90)型超细水泥黏度大于 P·O 52.5 普通水泥，P·O 52.5 普通水泥黏度又大于 P·F 32.5 粉煤灰水泥。

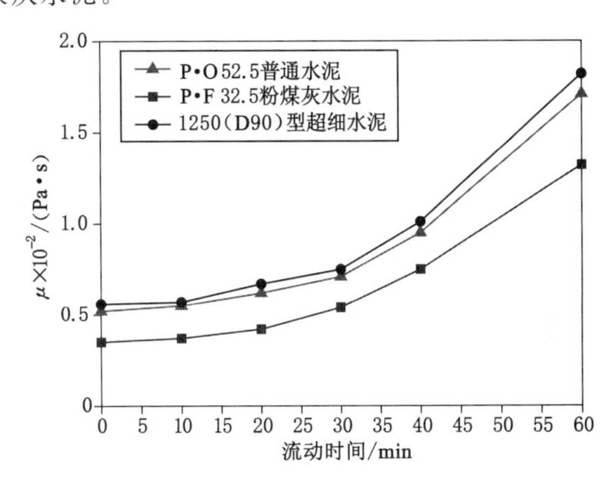

图 2-3　水泥浆液流动时间与塑性黏度关系曲线

2.2　泥岩特性分析

不同于一般的岩体或土体，泥岩是一种“亦岩亦土”的岩土体，其内部孔隙结构及力学特性也与一般的岩体或土体不同。无论是对裂隙泥岩注浆浆液流动特性，还是对破碎泥岩体加固特性的研究，泥岩内部孔隙结构特征及其力学特性均是基本前提和基础。本节基于对内蒙古五间房煤田西一矿 3-3 号煤层底板平均埋深 300 m 的弱胶结粉质泥岩的物理力学性能测试，分析了该泥岩孔隙结构及其力学特性[143]。

2.2.1 X射线衍射及泥岩密度测定

X射线衍射分析结果获得的泥岩组成结果为:主要成分为石英(48%)、长石(12%)和黏土矿物(36%),方解石、云母等次生矿物含量稀少(占4%)。孔隙率可由下式计算:

$$n = 1 - \rho_d / (G_s \rho_w) \tag{2-1}$$

式中 n——总孔隙度;

ρ_d——干密度;

G_s——粒状矿物比重;

ρ_w——水密度。

采用比重瓶法测定泥岩的颗粒密度,做3组试验,结果分别为2.52 g/cm³,2.56 g/cm³和2.60 g/cm³,取平均值2.56 g/cm³。

2.2.2 SEM测试

利用工作电流为20.0 kV的FEI Quanta™ 250扫描电子显微镜(图2-4)对泥岩试样进行扫描电子显微镜(SEM)测试,获得泥岩的孔隙性质。

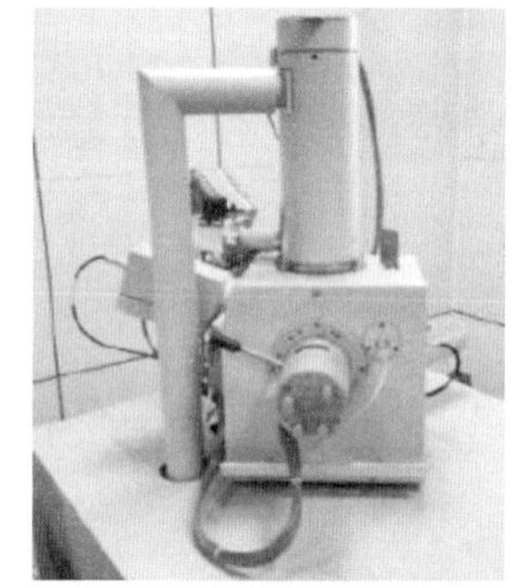

图2-4 Quanta™ 250扫描电子显微镜

在测试开始前,准备尺寸为1 cm×1 cm×1 cm的泥岩样本。泥岩主要孔隙SEM测试结果如图2-5所示。由图2-5可以测出,泥岩试样大部分孔隙尺寸小于5 mm,而泥岩颗粒平均粒径约为5.56 mm。孔隙尺寸表现为微米级,结构性较差,仅在颗粒接触处形成胶结,从而导致骨架体间联结作用弱,宏观上表现为弱胶结特性。泥岩试样浸水后崩解呈现粉粒和黏粒,说明泥质弱胶结岩体胶结类型主要是泥质胶结,胶结强度低,稳定性差。

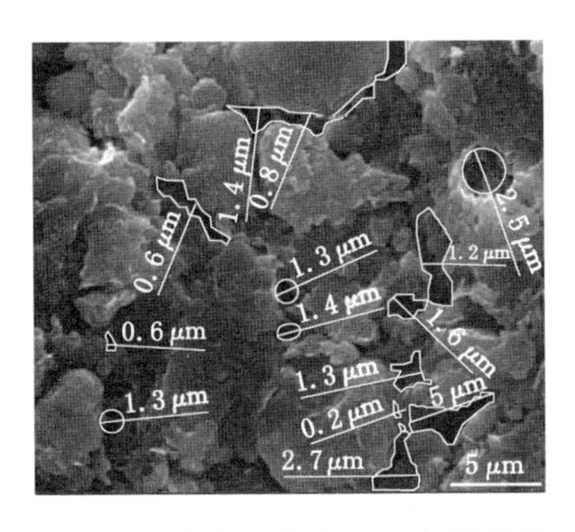

图 2-5　泥岩微观孔隙 SEM 扫描结果

2.2.3　MIP 测试

利用 AutoPore Ⅳ 9505 全自动压汞仪对泥岩进行压汞(MIP)测试,该压汞仪可以识别尺寸 0.003～1 100 μm 的孔隙。测试前,泥岩被制作成尺寸为 1 cm 的样本,试验中最大入侵压力为 200 MPa,即该压力下可测量最小直径为 4 nm 的孔隙。通过 MIP 测试获得毛细管压力曲线和孔隙尺寸分布曲线,如图 2-6 所示,孔隙主要参数见表 2-4。从图 2-6(a)可以清楚地看出,在压汞曲线和退汞曲线之间存在着明显的滞后现象,这表明试样含有大量“墨水瓶”状孔(注:图中右侧坐标轴 S_{Hg} 表示汞饱和度)。孔隙尺寸主要分布(PSD)集中在 10～20 nm 范围内,根据 Hodot 分类,该孔隙类型属于中孔(2～50 nm)[144]。

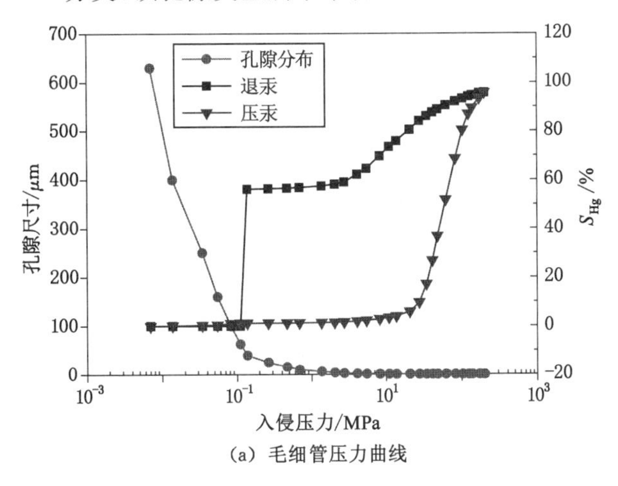

(a) 毛细管压力曲线

图 2-6　泥岩孔隙尺寸分布特征 MIP 分析结果

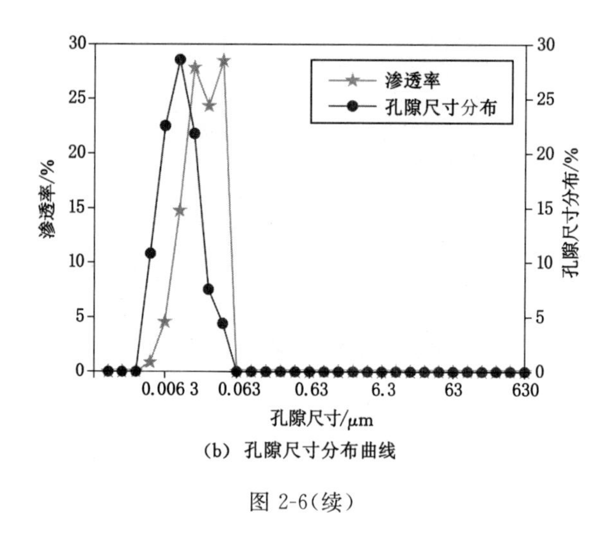

(b) 孔隙尺寸分布曲线

图 2-6(续)

表 2-4 泥岩孔隙主要参数

总孔隙率/%	平均孔隙直径/nm	渗透率/(10^{-3} mm^2)	最大孔隙直径/nm
20.791	14	0.004	53

2.2.4 氮吸附测试

利用 TristarⅡ3020 自动比表面积与孔隙分析仪对泥岩的孔隙分布进行氮吸附测定。氮吸附法适用于测量孔隙尺度为 1.7～300 nm 多孔材料的孔隙分布,单次测试时间大于 5 h。测试前将试样破碎成粒度 60～80 目的颗粒,对应的等价粒径为 180～250 μm,并采用冷冻干燥法和抽真空法排除试样孔隙内的水分和气体(注:为减小因泥岩结构各向异性造成的试验误差,对同一地层岩石进行两组氮吸附试验,试样编号分别为 CR-A 和 CR-B,质量分别为 3.47 g 和 2.75 g)。氮吸附测试结果见表 2-5。由表 2-5 可知,CR-A 和 CR-B 试样测试结果相近,故仅对 CR-A 试样测试结果进行分析。

表 2-5 氮吸附测试结果

试样编号	质量/g	粒径/目	孔隙总体积/(cm^3/g)	孔隙率/%	比表面积/(m^2/g)	平均孔隙尺寸/nm
CR-A	3.47	60～80	6.73×10^{-2}	13.26	32.55	8.27
CR-B	2.75	60～80	6.96×10^{-2}	13.71	32.95	8.44
平均	3.11	60～80	6.85×10^{-2}	13.49	32.75	8.35

图 2-7(a)所示为 S 型氮吸附/解吸曲线，基于解吸曲线，采用 Barrett-Joiner-Halenda (BJH)模型和 Brunauer-Emmett-Teller (BET)模型[145]可分别得到孔隙尺寸分布，如图 2-7(b)所示[图中 $dV(d)$表示孔隙体积变化率]。根据 IUPAC 孔隙类型分类标准[146]，中孔(2～50 nm)累积孔隙体积为 5.45×10^{-2} cm^3/g，占总体积的 85.6%；大孔(>50 nm)体积较小，累积孔隙体积为 0.92×10^{-2} cm^3/g，占总体积的 14.4%。

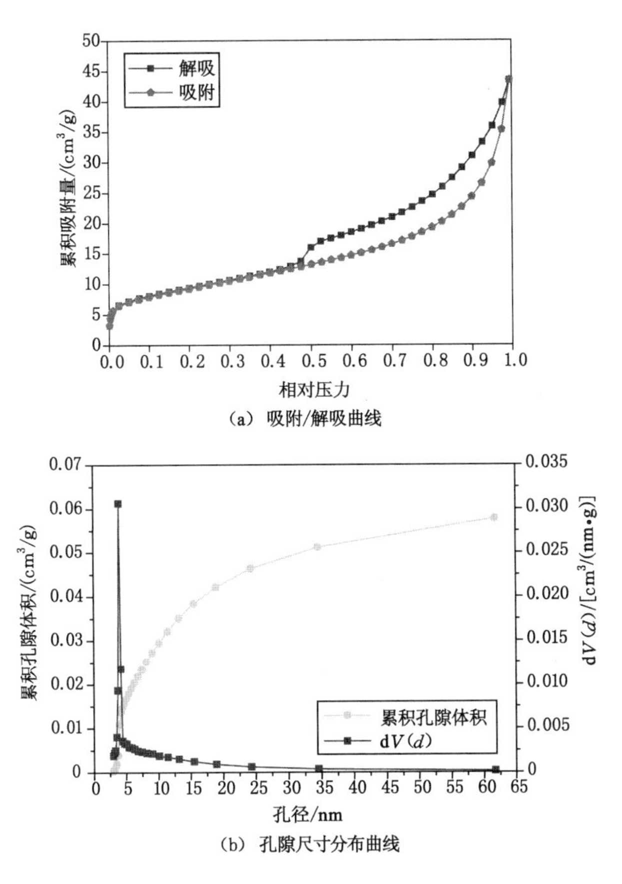

(a) 吸附/解吸曲线

(b) 孔隙尺寸分布曲线

图 2-7 泥岩孔隙尺寸分布特征氮吸附分析结果

2.2.5 泥岩孔隙 CT 扫描三维重构

利用高分辨三维 X 射线显微成像系统(3D-XRM，型号 Xradia 510 Versa，如图 2-8 所示)对泥岩试样进行扫描，并通过 ORS Visual SI 三维可视化软件进行三维重构分析泥岩内部孔隙分布特征。

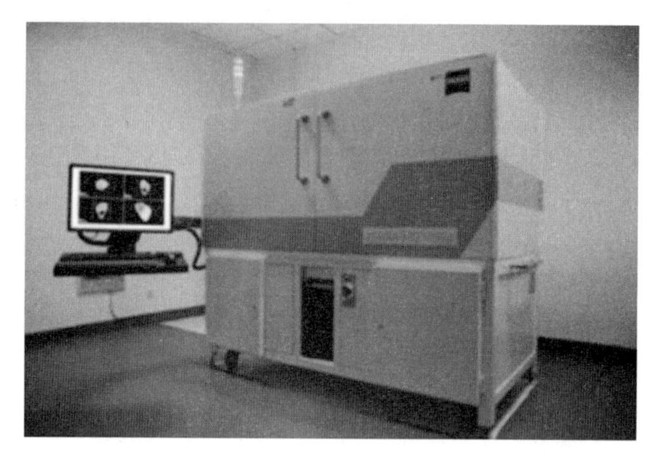

图 2-8　高分辨三维 X 射线显微成像系统

测试参数如图 2-9 所示。

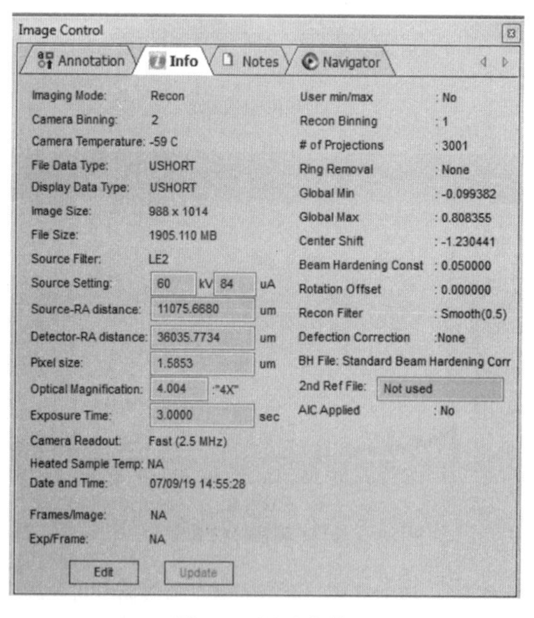

图 2-9　测试参数

CT 原始图像表现为数字图像灰度特征，它直接反映了图像在不同位置的灰度值范围。由泥岩 X 射线衍射(XRD)和电镜扫描(SEM)结果可知，泥岩内部含有微小孔隙(黑色)，这些微小孔隙从 CT 扫描图中也可看到，如图 2-10 所示。然而，由于灰度特征及孔隙尺寸极小的原因，这些孔隙需仔细辨认才可以观察到(参考白色圆圈标记处)，且扫描图是二维图像，较难直观表现出泥岩内部孔隙分布特征。

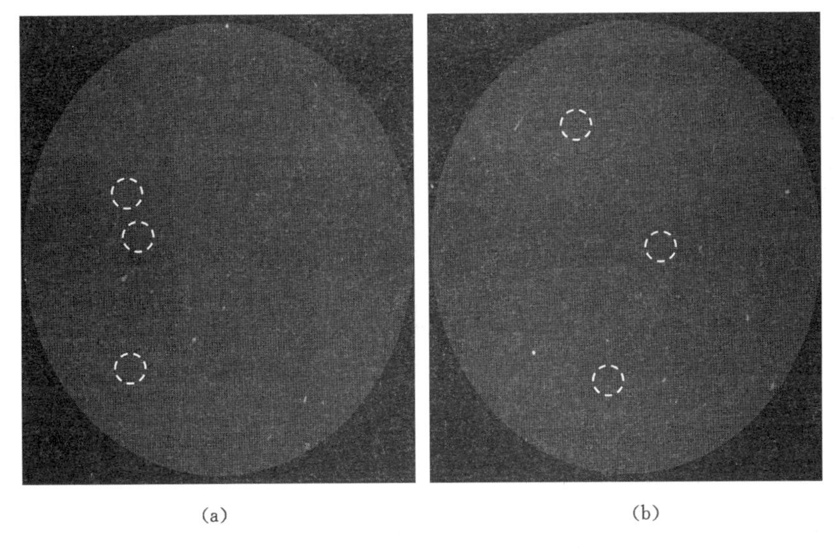

图 2-10 泥岩试样不同位置的原始 CT 扫描图像层

通过 ORS Visual SI 三维可视化软件，基于原始 CT 扫描图像，可将泥岩内部孔隙提取出来，三维重构出整个试样的孔隙分布情况，如图 2-11 所示。从图中可以看出，泥岩孔隙具有“密而小”的分布特征，且微孔连通性较差。

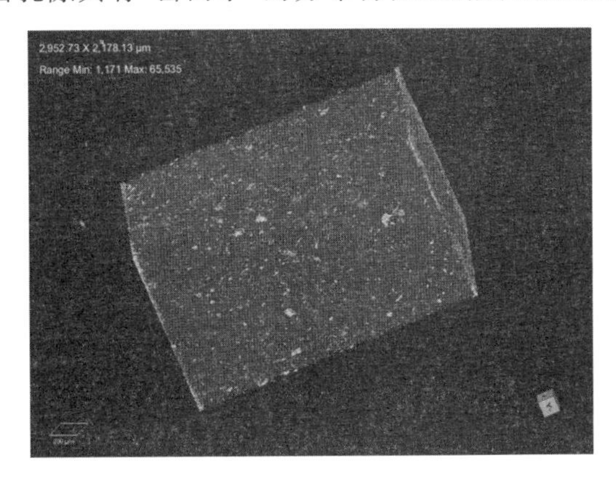

图 2-11 泥岩内部孔隙三维重构

为进一步观察泥岩孔隙连通性，选取较小区域进行分析，这样可使图像精度更高。选取过程及结果如图 2-12 所示(三维图中黄色小颗粒表示孔隙，这是因为三维重构只提取泥岩样本中的孔隙)，从图中可以看出孔隙分布特征具有如下特点:密集、微小且孔隙连通性差。泥岩孔隙连通性较差,这从一定程度上说明了流体在泥岩内多为束缚水。

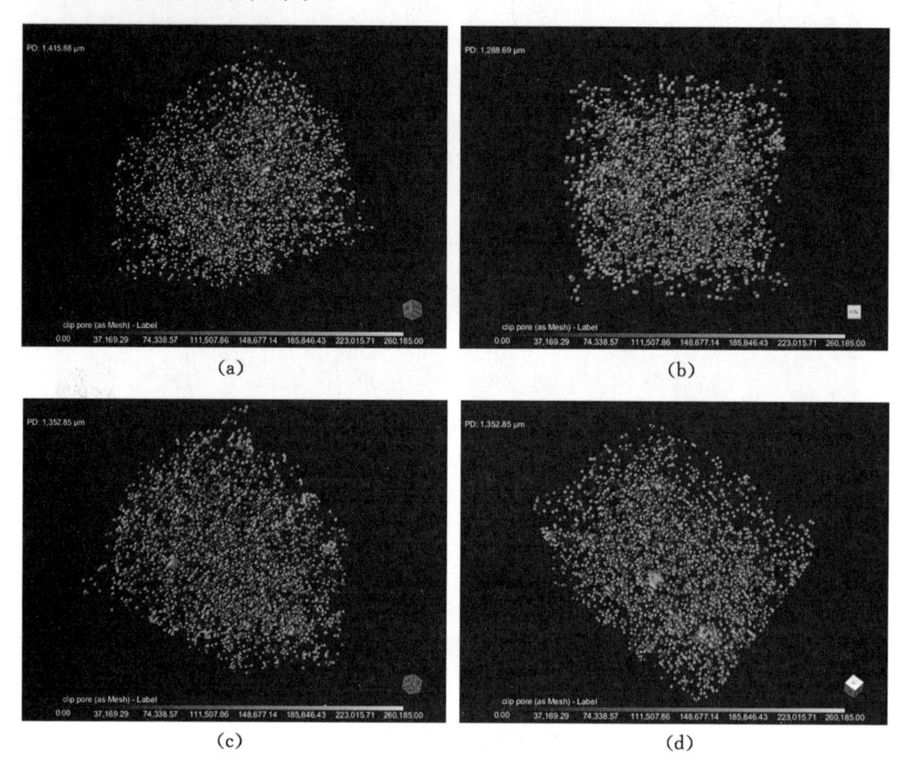

(a) (b)

(c) (d)

图 2-12 不同方向泥岩内部孔隙弱连通性

2.2.6 几种测试方法比较

SEM、MIP、氮吸附和 CT 扫描三维重构测试下的弱胶结泥岩孔隙特征见表 2-6。

表 2-6 几种测试方法孔隙特征比较

测试方法	SEM	MIP	氮吸附	CT 扫描三维重构
平均孔径/μm	1.200	0.014	0.008	10.894
孔径分布/μm	0.200～5.000	0.004～53.733	0.003～0.208	
孔隙率/%		20.791	13.490	1.520

从表 2-6 可知,因各测试设备测试原理不同及泥岩试样材料的非均质性,测试结果(如孔隙尺寸等)可能会存在较大差异[147],而且可以看出 CT 扫描三维重

构有效孔隙率(1.520%)较 MIP(20.791%)和氮吸附(13.490%)小,平均孔径(10.894 μm)较大。可能原因如下:① CT 扫描时,低于分辨率的孔隙是提取不到的;② 压汞法的纳米级测定精度包括了更多的细微孔隙,使得孔隙率偏大;③ 压汞法的高压破坏了泥岩内部的孔裂隙结构,使得孔裂隙体积进一步扩大,导致使用压汞法测得的孔隙率偏大。

2.2.7 泥岩单轴压缩力学特性

运用 DNS100 试验机(图 2-13)对弱胶结泥岩进行单轴压缩试验。DNS100 试验机可施加最大 100 kN 荷载,试验荷载量测范围为 0.4%~100%。泥岩试样为长方体,基本参数见表 2-7。

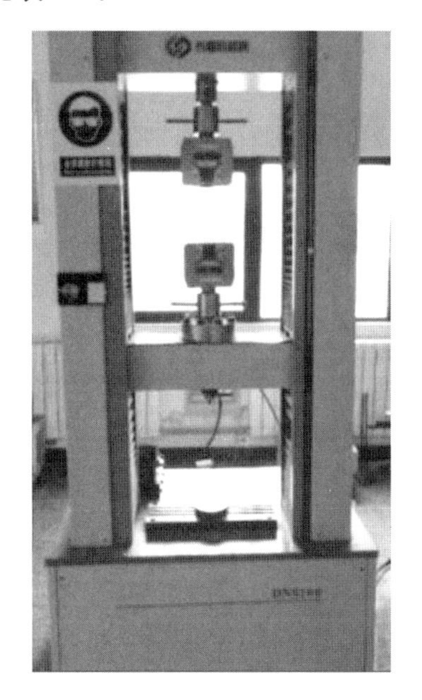

图 2-13 DNS100 试验机

表 2-7 泥岩样本基本参数

试样	长/mm	宽/mm	高/mm	含水率/%
1#	33.34	29.86	67.44	9.55
2#	34.24	33.04	87.42	10.43
3#	41.34	29.22	70.40	7.89
4#	23.62	20.00	47.50	10.51

图 2-14(a)所示为泥岩试样单轴压缩应力-应变曲线，由应力-应变曲线可得泥岩单轴压缩基本力学参数，见表 2-8。图 2-14(b)所示为弱胶结泥岩单轴压缩破坏形态，观察单轴压缩试验过程发现泥岩破坏形态表现出“先裂隙后破碎”形式，即泥岩破坏先由裂隙开始，随着外力荷载增加，新的裂隙不断产生，继而裂隙扩展，最后众裂隙相互贯穿，使得裂隙岩体向破碎岩体转化，此种现象与实际工程泥岩体受开挖扰动及复杂应力影响下的破坏特性一致[148]。该泥岩破坏特征为第 4 章“承压状态下破碎泥岩注浆加固及宏观-细观破坏特性研究”提供参考和依据。

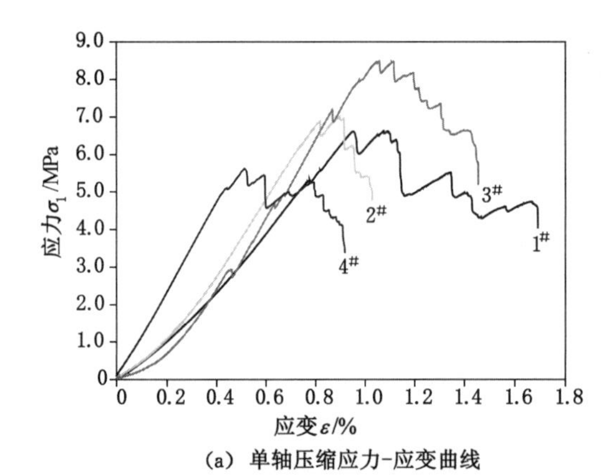

(a) 单轴压缩应力-应变曲线

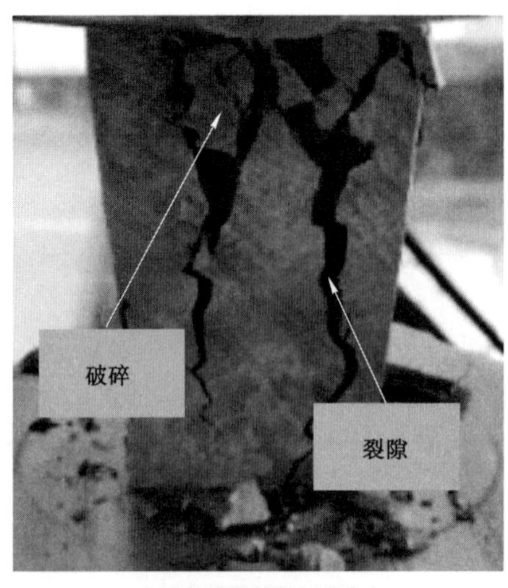

(b) 单轴压缩破坏形态

图 2-14 泥岩试样单轴压缩试验

表 2-8 泥岩单轴压缩基本力学参数

试样编号	应力 σ/MPa	弹性模量 E/MPa	应变 ε/%	含水率 W/%
1	6.61	756.34	0.95	9.55
2	6.89	1 039.60	0.82	10.43
3	8.47	998.47	1.06	7.89
4	5.62	1 203.10	0.51	10.51

由表 2-8 可得，泥岩样本平均弹性模量为 999.38 MPa，单轴抗压强度为 6.90 MPa。

2.3 本章小结

本章通过对各水泥材料基本力学性质、粒径分布、浆液流变性能测试，运用 X 射线衍射分析、SEM、MIP、氮吸附和 CT 扫描三维重构对泥岩内部孔隙结构特征进行分析，并对泥岩原岩样本进行力学特性测试，主要得到以下结论：

(1) 与其他水泥基材料相比，超细水泥注浆材料物理力学性质更为稳定、强度可调范围更大，且粒径较小，因而渗透性较好。故本书在板状裂隙岩体注浆模拟试验及泥岩从浆液中吸水特性试验研究中，采用 1250(D90)型超细水泥。

(2) X 射线衍射分析结果表明该泥岩组成主要为石英、长石和黏土矿物，所占比例分别为 48%、12% 和 36%；方解石和云母等次生矿物含量稀少，约占 4%；膨胀矿物主要为伊利石/蒙脱土类，约占 40%；通过密度法计算可得泥岩近似孔隙率为 23.1%。SEM 测试结果表明泥岩试样大部分孔隙均小于 5 mm，且大孔隙主要集中在孔隙带和裂隙带内，数量较少，孔隙尺度为微米级；泥岩骨架表面较致密。MIP 测试结果表明泥岩试样含有大量“墨水瓶”状孔；孔隙尺寸分布(PSD)集中在 10～20 nm 范围内，根据 Hodot 分类，该孔隙类型属于中孔。氮吸附测试结果表明中孔(2～50 nm)累积孔隙体积为 5.45×10^{-2} cm^3/g(占 85.6%)，大孔(>50 nm)累积孔隙体积为 0.92×10^{-2} cm^3/g(占 14.4%)。CT 扫描三维重构结果表明泥岩试样内部孔隙具有密集、微小且孔隙连通性差等特点。泥岩孔隙连通性较差这一特点说明了流体在泥岩内多会以束缚水的形式存在。

(3) 泥岩试样单轴压缩破坏形态表现出“裂隙-破碎”形式，即随着外力荷载增加，泥岩破坏先由裂隙开始，继而裂隙扩展，最后众裂隙相互贯穿，使裂隙岩体向破碎岩体转化。

3 承压状态下粗糙裂隙浆液非线性流动特征

由于地质过程或开挖扰动作用，裂隙岩体（图 3-1）在地下工程中分布广泛，这给地下工程稳定带来极大的安全隐患[149-152]。注浆技术是防止地下工程突水突泥、改善裂隙岩体力学性能的有效方法[153-157]。为了更好地理解裂隙岩体注浆机理，很多学者进行了大量的试验研究。例如，Sui 等[158]试验研究了渗透注浆对岩体裂隙的封堵效果以及在动水条件下浆液的扩散规律，分析了不同参数对浆液密封效果的影响，这些参数包括初始动水流速、裂隙孔径、注浆时间和浆液凝固时间等。Lee 等[159]研究了注浆后节理裂隙岩体的加固效果，结果表明注浆后的节理裂隙刚度比未注浆节理提高了 6 倍以上，这说明注浆后节理岩体的力学性能比注浆前有明显改善。Funehag 等[160]对天然裂隙岩石渗透注浆进行了广泛的试验研究和现场监测，得到了考虑注浆压力和裂隙孔径的浆液扩散半径。除了试验研究外，Kim 等[161]进行了基于 UDEC 程序的数值分析来模拟浆液在光滑岩石裂隙中的扩散规律，结果显示浆液黏度时变性对注浆效果有明显的影响：如果不考虑浆液黏度时变性，浆液的渗透长度会被高估，同时注浆压力对浆液渗透扩散长度和浆液用量也有一定影响。Hässler 等[162]建立了考虑浆液黏度时变性的裂隙岩石注浆浆液扩散模型。

图 3-1 裂隙岩体

然而,以上对裂隙注浆机理的研究主要集中在裂隙岩体注浆后的注浆加固和防渗效果(如浆液凝固后裂隙加固体力学性能、浆液封堵效果、注浆后浆液渗透长度和扩散半径等),针对浆液硬化前在岩石裂隙中的流动特性研究较少。流体在裂隙中的流动特性,以往研究多基于水,这主要是为了研究地下水在岩体裂隙中的流动行为。水在裂隙中的流动行为受 Navier-Stokes 方程(N-S 方程)和质量守恒方程的控制[163-164],见式(1-2)和式(1-3)。在 N-S 方程中,复杂非线性偏微分方程和岩体裂隙不规则特性使得运用该方程求解裂隙岩体流动特性非常困难[165-166]。为了简化计算,需对该 N-S 方程进行简化,立方定律是其中应用最广的简化后的流体流动方程,见式(1-4),然而该方程忽略了流体流动惯性的影响(即方程中二次项影响)[167]。该简化公式仅仅适用于光滑裂隙中的层流,地下工程中的裂隙形态大多是无规则和粗糙的,且经常受到地应力的影响,这些因素均对裂隙宽度有影响,从而进一步影响裂隙流体流动行为[168]。试验表明,应力条件下地下工程粗糙裂隙流体流动实际流速与立方定律所计算的结果严重不一致,即应力条件及裂隙粗糙度可能导致流体在裂隙中的非线性流动行为。Forchheimer 公式是用来研究流体非线性流动行为的有效公式[169],见式(1-5)。虽然浆液在硬化前也是液体,但浆液通过岩石裂隙的流动行为比水更为复杂:由于浆液中存在水泥介质,这导致浆液物理性质(如黏度、密度)与水的物理性质有明显不同。

为研究粗糙裂隙中水泥浆液的流动特性,本章设计并制造了一种有效的浆液流动试验仪器,对承压状态下单裂隙和多裂隙样本进行考虑不同浆液水灰比及裂隙粗糙度的浆液流动试验。本裂隙注浆浆液流动试验不能选用实际泥岩材料,这是由于泥岩有软弱、膨胀及遇水软化等特性,导致运用现技术手段无法对其进行精确且复杂的裂隙结构切割。因此,制备尺寸为 490 mm×120 mm×20 mm 的有机玻璃裂隙试样,试样中含有不同粗糙度(用分形维数 D 表征裂隙形态,D 越大表示裂隙粗糙度越大)的粗糙裂隙(高强度弹簧和法向荷载 F_N 用来生成任意的裂隙隙宽)。因每组裂隙注浆试验浆液流动时间极短,故无须考虑此过程中泥岩对浆液中水的吸收作用。本试验设计了 4 组法向荷载 1 124.3 N、1 238.8 N、1 353.3 N 和 1 467.8 N(巧妙地利用高强度弹簧,通过施加不同法向荷载实现任意裂隙宽度的设置,易于精确控制隙宽)。针对每一个法向荷载,每次裂隙注浆浆液流动试验中,浆液注浆压力均从 0 增加到 0.9 MPa,从而得到浆液水力梯度与体积流速的关系。本试验所用水泥是超细水泥,设置了水灰比为 1.0、1.2、1.5、2.0 的浆液,基于此 4 组水灰比,重复裂隙注浆浆液流动试验过程。

3.1 承压状态下裂隙岩体注浆浆液流动可视化试验系统

3.1.1 浆液流动可视化试验系统概述

承压状态下裂隙岩体注浆浆液流动试验系统(图 3-2)是完全自主研发的试验设备,可用于模拟板状裂隙岩石应力-浆液流动室内试验,具有良好的密封性和较高的精度。其主要组成包括:① 应力加载系统,该系统分为水平向应力加载子系统与竖向应力加载子系统,其中水平向应力加载子系统由反力架、高精度液压千斤顶、高精度压力传感器等组成,竖向应力加载子系统由高强度加粗丝杆、高强度螺母及高强度压板组成;② 板状裂隙岩体注浆浆液流动平台;③ 浆液供给系统(氮气罐、高精度气体调节阀);④ 量测系统,包括隔膜压力变送器(量程 0～1 000 kPa,精度 0.5%F. S.),NZ-XSR90 彩色无纸记录仪用来实时监测注浆压力,自制高精度电子天平用来实时监测出口浆液体积流速(由出口浆液质量推算)。

裂隙注浆浆液流动试验过程中岩体试样密封构件由橡胶海绵密封垫(氯丁橡胶 CR4305)、2 mm 透明水晶板、高强度透明有机玻璃盖板等组成。Phantom V611 高速摄像机(高分辨率/高帧率,1 280×800/6,242 fps)用来对裂隙浆液流动全过程进行实时拍摄,从而更好地监测试验全过程。试验过程所得监测数据(例如实时注浆压力、裂隙出口体积流量、水平荷载等)均可自动记录存储并通过自动采集和分析系统进行处理分析。

3.1.2 试验系统主要组成

(1) 裂隙注浆浆液流动试验平台

裂隙注浆浆液流动试验平台是用来进行裂隙岩体注浆浆液流动的试验平台,由板状厚底座(500 mm×500 mm×40 mm)、连接注浆管的水平荷载加载装置、4 根高强度粗丝杆(可供螺母压板上下调节,用来施加竖向荷载)、高强度透明有机玻璃盖板等部分组成。开展裂隙注浆浆液流动试验前,将含有不同粗糙裂隙(该裂隙粗糙度即粗糙形态由分形维数 D 表征)的有机玻璃试样(490 mm×120 mm×20 mm)放置在平台底座上,试样裂隙两端由高强度弹簧连接,板状裂隙、注浆管及水平加载装置通过橡胶海绵密封垫连接并密封,板状裂隙上部依次放置高透明软水晶板(2 mm)及高强度有机玻璃盖板(30 mm),在施加水平荷载后进行竖向荷载加载。

(2) 水平荷载加载装置

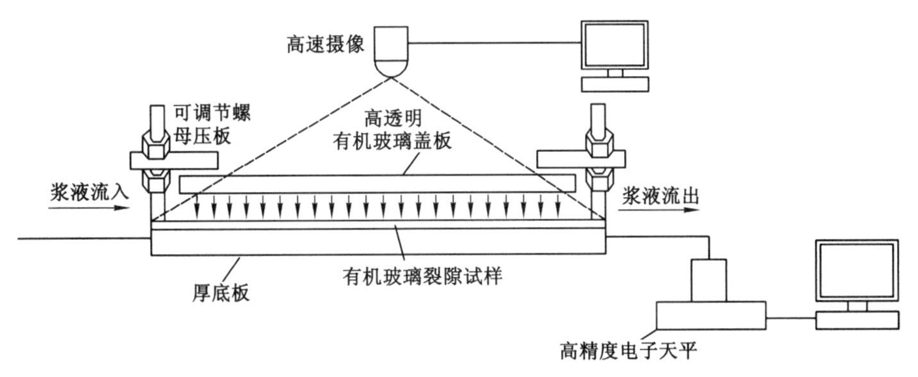

(a) 浆液流动可视化试验系统示意图

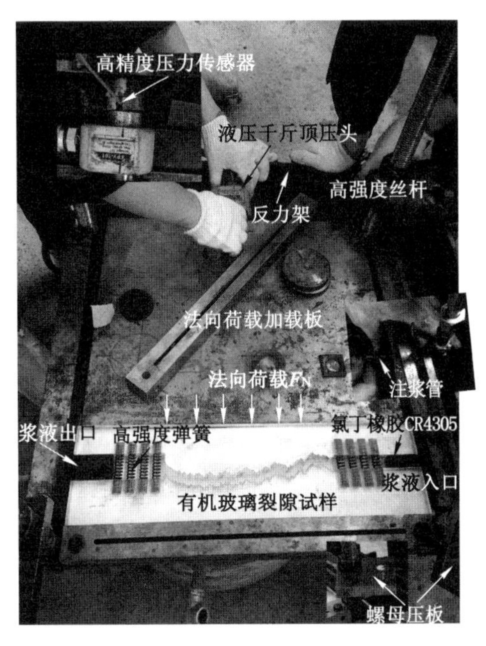

(b) 单裂隙试样安装

图 3-2　承压状态下裂隙岩体注浆浆液流动试验系统

水平荷载加载装置用于对岩体裂隙施加水平荷载(包括法向荷载和切向荷载),水平荷载由液压千斤顶及反力架提供,反力架与底座之间通过多组加劲肋焊接,从而保证反力架刚度。在液压千斤顶与反力架之间安放高精度压力传感器,可实时对水平荷载进行精确调控,以达到设计荷载。

(3) 竖向荷载加载装置

竖向荷载加载装置用来施加竖向荷载以压紧并固定板状岩石裂隙试样，同时使高强度有机玻璃盖板、高透明软水晶板、裂隙试样三者紧密贴合进一步起到裂隙样本密封的作用。此外，竖向荷载的施加可以有效平衡裂隙中竖向浆液压力。试验时，裂隙试样安装完毕后，移动螺母压板使其沿着丝杆上下移动，从而将竖向压力通过压板传递给有机玻璃盖板，实现竖向荷载的施加以压紧密封板状裂隙试样。

(4) 浆液供给及数据采集分析系统

浆液供给系统主要是为裂隙注浆浆液流动试验提供不同水灰比的超细水泥浆液，它由氮气罐手推车、氮气罐、高精度气体调节阀、高强度注浆软管、注浆桶及注浆铜管等组成，如图 3-3(a)所示。为了获得稳定的注浆压力，在氮气罐上安装高精度气体调节阀，实现氮气源压力的稳定(氮气相对其他气体稳定且安全性较好)，稳定的氮气驱动浆液在一定时间内以稳定的压力流动，进而获得不同注浆压力梯度与相应体积流速关系，为裂隙注浆浆液流动特性研究提供基础数据。注浆压力量测设备主要包括隔膜压力变送器、NZ-XSR90 彩色无纸记录仪，压力变送器上的浆液压力可实时传递到无纸记录仪，并被无纸记录仪记录。数据采集分析系统主要用来实时监测和记录注浆压力及裂隙出口出浆体积流速。该电子天平由称重软件、称重传感器、底座及盛浆桶等构成，可实现裂隙出口浆液质量(可推导出流量)实时记录与保存，试验后可随时导出所需数据，如图 3-3(b)所示。

(5) 浆液流动摄录系统

浆液流动摄录系统是利用高速相机捕捉记录浆液流动的全过程及其流动的瞬时形态，如图 3-3(c)所示。它主要由 Phantom V611 高速摄像机、高速摄像软件(PCC software)、垂直 90°俯拍杆、补光灯等组成。

3.1.3 不同粗糙度有机玻璃裂隙试样制备

分形插值是一种构造分形曲线的方法，其生成的曲线可以描述裂隙结构形状，但前提是要进行复杂的分形维数测量，这一步骤可能导致较大误差。因此，采用 Weierstrass-Mandelbrot 方程定义的分形维数 D 来描述粗糙裂隙形态。相较于分形插值法，分形维数 D 描述粗糙裂隙形态的方法省去了分形维数测量这一步骤，因而极大地减小了误差。文献[170]描述了一个处处不可导的连续函数，即 Weierstrass 复函数，其可由求和级数表示：

$$W(t)'=(1-W^2)^{-1/2}\sum_{n=0}^{\infty}[W^n\exp(2\pi \mathrm{i} b^n t)] \tag{3-1}$$

式中　b——实数且大于 1；

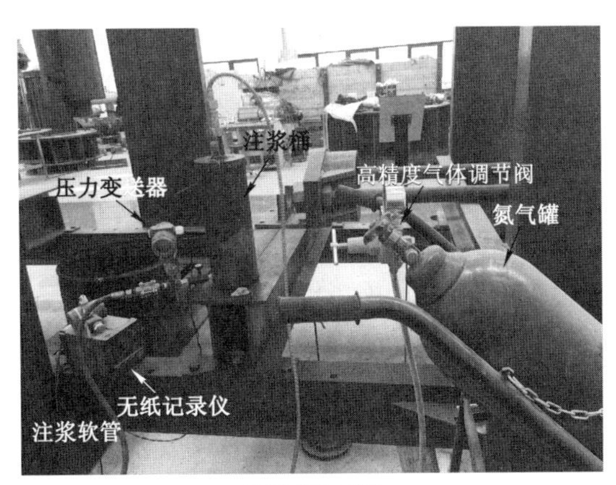

(a) 浆液供给系统

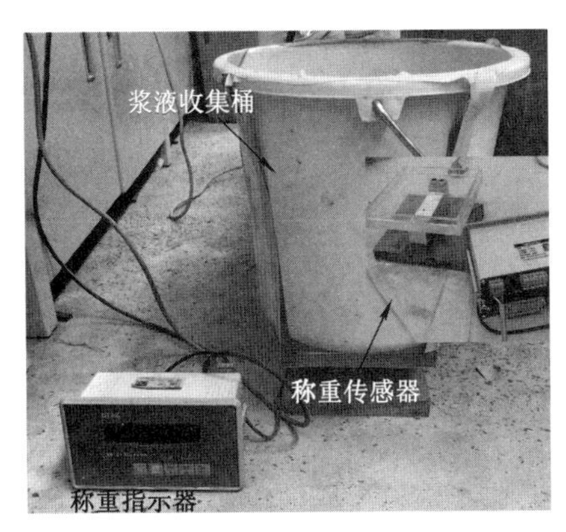

(b) 自制电子天平

(c) Phantom V611高速摄像

图 3-3　浆液供给及数据采集分析系统

W——有两种表达方式，$W=b^{H}$，$H\in(0,1)$及 $W=b^{D-2}$，$D\in(1,2)$。

Weierstrass 函数是具有分形维数 D 的分形曲线函数，连续但处处不可导。Feder[171]提供了 Weierstrass 函数的另一种表达形式：

$$W(t)=\sum_{n=-\infty}^{\infty}\left[(1-\mathrm{e}^{ib^{n}t})\mathrm{e}^{\mathrm{i}\varphi_{\mathrm{n}}}/b^{(2-D)n}\right] \tag{3-2}$$

式中　b——分形曲线偏离直线的程度；

φ_{n}——任意相位角。

上述方程也称 Weierstrass-Mandelbrot 函数。Mandelbrot 选择 $W(t)$的实部作为分形函数：

$$C(t)=\sum_{n=-\infty}^{\infty}\left[(1-\cos b^{n}t)/b^{(2-D)n}\right] \tag{3-3}$$

式中,$C(t)$函数是一个分形维数为 D 的连续不可微分分形函数。理论上,分形维数 D 介于 1～2。

3.1.4 分形粗糙裂隙模型的建立

实际工程岩体因受到地应力及开挖扰动的影响而产生复杂的裂隙结构网络,裂隙结构网络是由多组单裂隙交叉组合而成,单一裂隙是构成裂隙网络的基本单元,而实际工程中单一裂隙结构表面具有非常不规律的分形结构,因而对单裂隙结构粗糙度定量描述对于定量研究裂隙注浆浆液流动特性至关重要。本书基于 Weierstrass-Mandelbrot 函数运用 Matlab 程序计算获得了几组不同分形维数 D 的分形曲线,将 Matlab 生成的分形曲线在 AutoCAD 中生成,获得不同分形维数下的粗糙单裂隙结构,如图 3-4 所示。

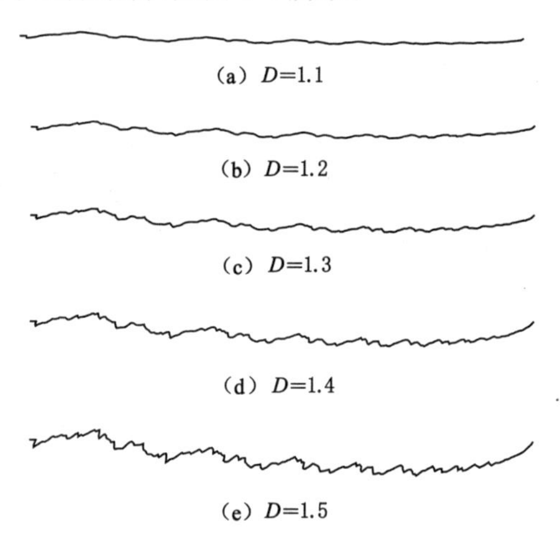

图 3-4 不同分形维数粗糙裂隙

在裂隙曲线的生成过程中,Weierstrass-Mandelbrot 函数中的 b 取固定常数 1.4,$n\in(-100,100)$。由图 3-4 可知,随着分形维数 D 的增大,裂隙表面结构形态愈加复杂。

3.1.5 不同分形维数粗糙单裂隙板状岩石试样加工

3.1.5.1 试样加工

本试验研究主要关注承压状态下粗糙裂隙泥岩注浆浆液流动特性,然而弱胶结泥岩力学特性极为软弱且遇水易膨胀、软化,故无法对其进行精确切割。为精确研究裂隙粗糙结构形态对浆液流动特性的影响并观察浆液流动全过程，用高透明有机玻璃预制出高精度的裂隙结构形态。另外，为了方便对浆液在裂隙中流动全过程的监测，运用高透明材料是一种必要的手段。因此，本试验裂隙岩体样本选用高透明有机玻璃材料（聚甲基丙烯酸甲酯 PMMA，又名有机玻璃、亚克力板），有机玻璃的高透明性使得浆液在裂隙中的流动过程变得清晰可见。选择高精度激光数控切割技术加工预制不同粗糙度的板状岩体裂隙模型，如图 3-5 所示。高精度激光数控切割优势在于割缝细小、精度高，可用于精细切割。

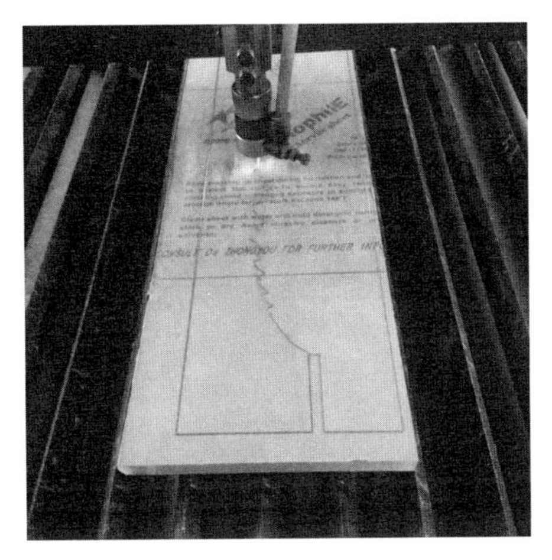

图 3-5 高精度激光数控切割

3.1.5.2 实体裂隙模型

为研究承压状态对浆液流动特性的影响，在裂隙中设置安装高强度钢丝弹簧从而模拟隙宽动态变化。运用高强度弹簧是为了更好地实现裂隙动态变化，且通过高精度压力传感器保证了法向荷载的精确施加，从而可以更为精确地控制裂隙宽度，较人为设置裂隙宽度更加方便准确，且易于控制，如图 3-6 所示。

基于弹簧并联规律可知[172-173]，法向受力条件下并联的弹簧压缩量均相等，且已知每个弹簧刚度均相同，推导得单个弹簧受力为 $F_N/8$。

3.1.6 浆液配置

本书所选注浆材料为超细水泥，如图 3-7 所示。配置 1.0，1.2，1.5 和 2.0 水灰比的水泥浆液。在裂隙注浆试验前，进行了一系列水泥浆液性能试验，所得不同水灰比超细水泥浆液性能参数见表 3-1。

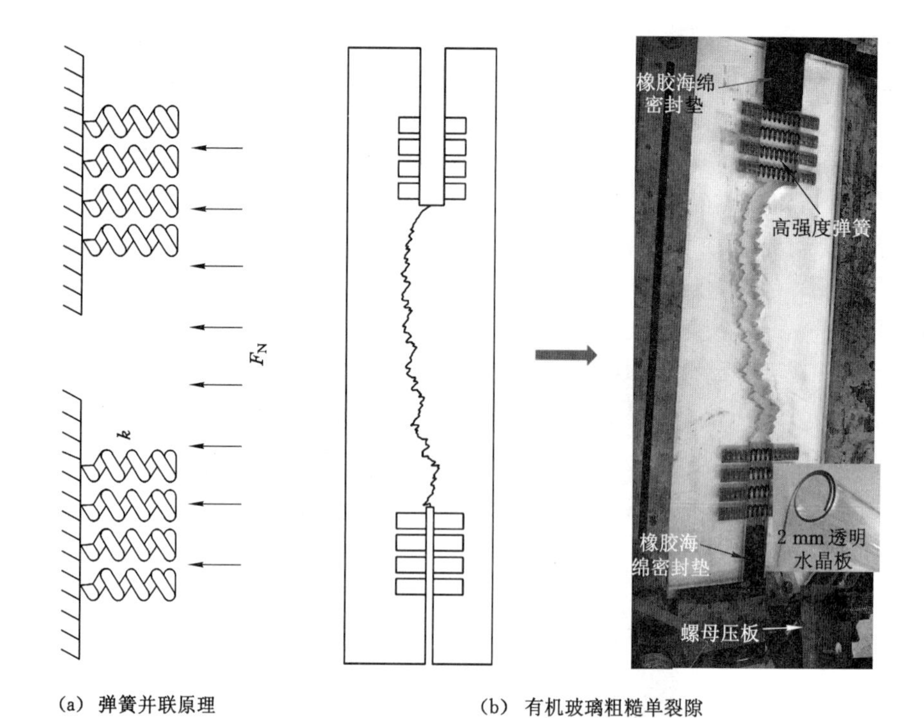

(a) 弹簧并联原理　　(b) 有机玻璃粗糙单裂隙

图 3-6　含高强度弹簧有机玻璃粗糙单裂隙

图 3-7　超细水泥材料

表 3-1 超细水泥浆液性能参数

水灰比	1.0	1.2	1.5	2.0
浆液密度 $\rho/(kg/m^3)$	1.390×10^3	1.340×10^3	1.270×10^3	1.250×10^3
动力黏度 $\mu/(Pa\cdot s)$	5.600×10^{-3}	3.680×10^{-3}	2.200×10^{-3}	1.130×10^{-3}

3.1.7 裂隙注浆浆液流动试验方案

3.1.7.1 承压状态下不同水灰比对浆液流动特性影响

裂隙注浆浆液流动试验过程中，储存在注浆桶中的浆液在氮气推动下通过注浆管进入裂隙内部，稳定的氮气及高精度气体调节阀共同作用可以提供较为稳定的注浆压力。试验过程中，注浆压力是由压力变送器实时测量并将数据传送给 NZ-XSR90 彩色无纸记录仪进行保存。裂隙末端出浆质量由电子天平实时测量，并将数据传送至称重软件进行处理分析及保存。为研究水泥浆液不同水灰比及不同法向荷载(F_N)对裂隙注浆浆液流动特性的影响，对某固定分形维数 $D=1.5$，首先施加最小法向荷载 $F_N=1\ 124.3$ N，在此条件下逐渐增大注浆压力(0～0.9 MPa)进行浆液流动试验；待上述试验(称为试验 1)完成后，逐次增加法向荷载 F_N(1 238.8 N，1 353.3 N，1 467.8 N)，每次增加法向荷载均重复进行试验 1。改变水灰比(1.0，1.2，1.5，2.0)并按照同样方式重复上述试验，从而获得承压状态下不同水灰比浆液水力梯度 J 与体积流速 Q 关系。

3.1.7.2 承压状态下裂隙不同粗糙度对浆液流动特性影响

为研究裂隙不同粗糙度(用分形维数 D 表征)对裂隙注浆浆液流动特性的影响，基于固定水灰比 1.0，首先施加法向荷载 $F_N=1\ 124.3$ N，在此条件下逐渐增大注浆压力(0～0.9 MPa)进行浆液流动试验；待上述试验(称为试验 1)完成后，逐次增加法向荷载 F_N(1 238.8 N，1 353.3 N，1 467.8 N)，每次增加法向荷载均重复进行试验 1。改变裂隙分形维数 D(1.1，1.2，1.3，1.4，1.5)并按照同样方式重复上述试验，从而获得承压状态下裂隙不同粗糙度浆液水力梯度 J 与体积流速 Q 关系。

3.1.7.3 承压状态下粗糙多裂隙注浆浆液流动特性

为研究承压状态下粗糙多裂隙注浆浆液流动特性，对板状多裂隙岩体试样首先施加法向荷载 $F_N=1\ 124.3$ N，在此条件下逐渐增大注浆压力(0～0.9 MPa)进行浆液流动试验；待上述试验(称为试验 1)完成后，逐次增加法向荷载 F_N(1 238.8 N，1 353.3 N)，每次增加法向荷载均重复进行试验 1。改变水灰比(1.0，1.2，1.5，2.0)并按照同样方式重复上述试验。

3.2 承压状态下不同水灰比对浆液流动特性影响

3.2.1 承压状态下裂隙注浆浆液流动特性

根据水力学理论,水力梯度 J 被定义为:

$$J=[p/(\rho g)]/L=\Delta p/(\rho g) \tag{3-4}$$

本研究中,J 可认为是浆液水力梯度;p 为注浆压力;ρ 为浆液密度(见表 3-1);L 表示试样左右边界之间的垂直距离(0.24 m)。

浆液压力梯度 Δp 与注浆压力 p 呈线性关系:$\Delta p=p/L$。另外,裂隙出口处注浆压力被认为是零,因此,注浆压力梯度 Δp 由 0 变化到 3.75 MPa/m。试验结果表明,浆液水力梯度 J 与体积流速 Q 呈明显的非线性关系,故线性达西定律已经不能用来描述该浆液在裂隙中的非线性流动特性。Forchheimer 提出了零截距二次方程来描述裂缝非线性流动行为[式(1-5)][174-176],该非线性流动方程已经被广泛应用于裂隙非线性流动行为,结合式(3-4),式(1-5)可以转化为:

$$J=aQ^2+bQ \tag{3-5}$$

式中,$a=-A/(\rho g)$,$b=-B/(\rho g)$。

图 3-8 显示了在不同法向荷载 F_N(1 124.3~1 467.8 N)和不同浆液水灰比条件下的注浆水力梯度 J 与裂隙出口浆液体积流速 Q 的关系(见表 3-2)。

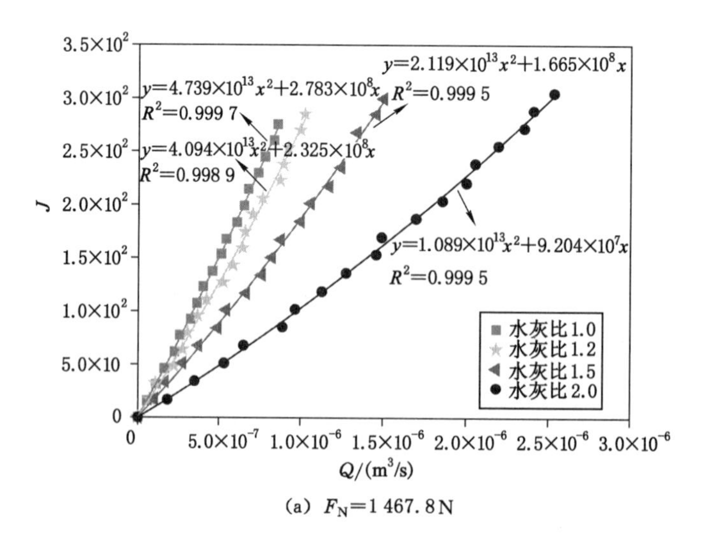

(a) F_N=1 467.8 N

图 3-8 承压状态及浆液水灰比影响下水力梯度 J 与体积流速 Q 非线性关系

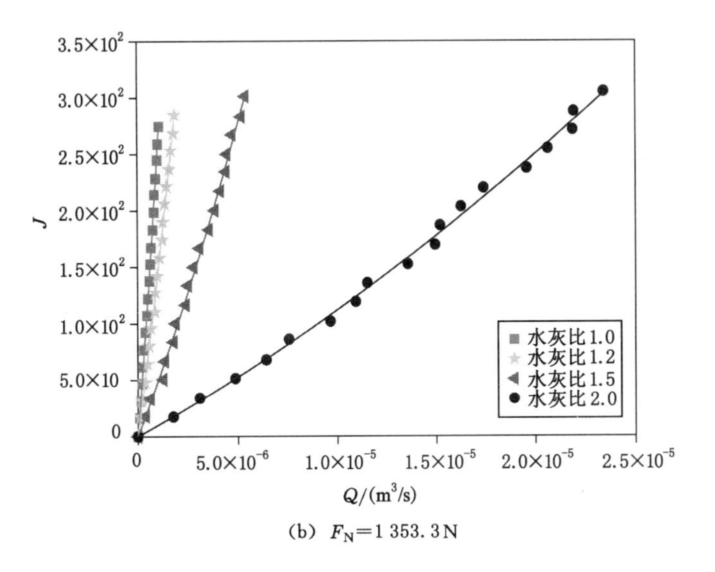

(b) F_N=1 353.3 N

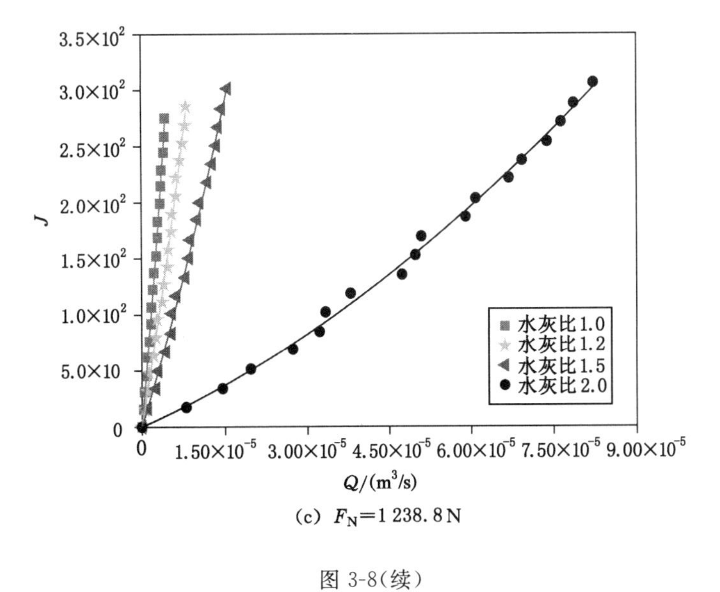

(c) F_N=1 238.8 N

图 3-8(续)

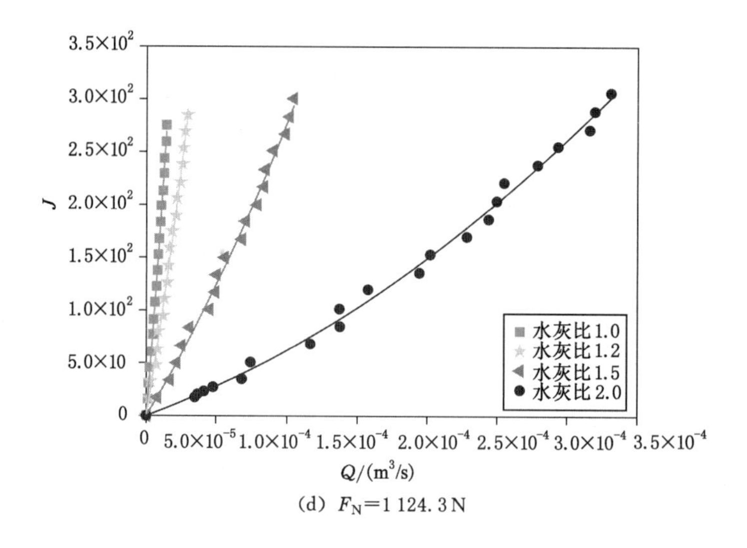

(d) F_N=1 124.3 N

图 3-8(续)

由图 3-8 可知，试验数据与 Forchheimer 定律零截距二次方程拟合良好[见式(3-5)]。所有情况下相关系数 R^2 均大于 0.99(见表 3-2)，这再次表明试验值与 Forchheimer 零截距二次方程拟合曲线吻合良好[以图 3-8(a)为例进行具体表述]。从图 3-8 可以看出，在 F_N 一定的条件下，对所有试验结果而言，随着浆液水灰比的增大，浆液最大体积流速 Q_{max} 均呈现增大的趋势，说明浆液水灰比对裂隙浆液流动特性有明显的影响：Q_{max} 从 8.534×10^{-7} m³/s 到 2.529×10^{-6} m³/s，增加了 1.96 倍(F_N=1 467.8 N)；从 1.085×10^{-6} m³/s 到 2.344×10^{-5} m³/s，增加了 20.60 倍(F_N=1 353.3 N)；从 4.306×10^{-6} m³/s 到 8.237×10^{-5} m³/s，增加了 18.13 倍(F_N=1 238.8 N)；从 1.410×10^{-5} m³/s 到 3.310×10^{-4} m³/s，增加了 22.48 倍(F_N=1 124.3 N)。在浆液水灰比一定的条件下，随着 F_N 的增大，最大体积流速 Q_{max} 均呈减小趋势，说明法向荷载 F_N 对裂隙浆液流动特性也有明显的影响：当 F_N 从 1 124.3 N 增加到 1 467.8 N，最大体积流速 Q_{max} 从 1.410×10^{-5} m³/s 减小到 8.534×10^{-7} m³/s，减小了 93.95%(水灰比为 1)；由 2.952×10^{-5} m³/s 到 1.022×10^{-6} m³/s，减小了 96.54%(水灰比为 1.2)；由 1.044×10^{-4} m³/s 到 1.499×10^{-6} m³/s，减小了 98.56%(水灰比为 1.5)；由 3.310×10^{-4} m³/s 到 2.529×10^{-6} m³/s，减小了 99.24%(水灰比为 2.0)。

表 3-2 承压状态及浆液水灰比影响下粗糙裂隙浆液流动试验结果

水灰比	F_N/N	a	b	R^2	J_c	Re_c
1.0	1 467.8	4.739×10^{13}	2.783×10^{8}	0.999 7	209.498	8.379
	1 353.3	3.150×10^{13}	2.201×10^{8}	0.999 4	204.194	10.292
	1 238.8	2.016×10^{12}	5.393×10^{7}	0.998 7	205.337	41.952
	1 124.3	2.056×10^{11}	1.616×10^{7}	0.998 9	163.438	112.536
1.2	1 467.8	4.094×10^{13}	2.325×10^{8}	0.998 9	166.042	11.682
	1 353.3	1.203×10^{13}	1.306×10^{8}	0.999 2	182.179	22.773
	1 238.8	6.884×10^{11}	2.932×10^{7}	0.998 7	157.994	88.099
	1 124.3	5.709×10^{10}	7.989×10^{6}	0.998 1	139.855	286.505
1.5	1 467.8	2.119×10^{13}	1.665×10^{8}	0.999 5	161.746	25.232
	1 353.3	1.714×10^{12}	4.677×10^{7}	0.998 9	160.361	88.925
	1 238.8	2.210×10^{11}	1.597×10^{7}	0.998 7	152.714	246.806
	1 124.3	6.094×10^{9}	2.176×10^{6}	0.998 4	111.419	1 311.130
2.0	1 467.8	1.089×10^{13}	9.204×10^{7}	0.999 5	98.947	53.368
	1 353.3	1.315×10^{11}	9.869×10^{6}	0.999 0	107.439	533.548
	1 238.8	1.756×10^{10}	2.217×10^{6}	0.999 0	36.006	805.396
	1 124.3	1.254×10^{9}	4.957×10^{5}	0.998 3	26.65 3	2 652.174

注:表中 a、b 分别为非线性和线性系数;J_c、Re_c 分别为临界浆液水力梯度和临界雷诺数。

图 3-9 所示为承压状态下非线性系数 a 和线性系数 b 随浆液水灰比变化关系。从图 3-9 中可以看出,随着水灰比的增大,所有 F_N 条件下的非线性系数 a 和线性系数 b 均减小。此外,在 1.0~1.5 的水灰比范围内,a 和 b 的降低幅度明显大于水灰比 1.5~2 的情况。但整体来看,a 和 b 均随 F_N 的增大而增大,且 F_N 越大,a 和 b 图像振幅越大,这一点与文献[177]中关于非线性系数 a 和线性系数 b 随 F_N 增大而增大的结论是一致的。以水灰比 1.0,不同法向荷载 F_N 条件下 a 和 b 变化为例,a 对应于 F_N=1 238.8 N、1 353.3 N、1 467.8 N 的值分别为 2.016×10^{12}、3.150×10^{13}、4.739×10^{13},比 F_N=1 124.3 N 时的 2.056×10^{11},分别增加了 8.81 倍、152.21 倍、229.50 倍。同时,b 对应于 F_N=1 238.8 N、1 353.3 N、1 467.8 N 的值分别为 5.393×10^{7}、2.201×10^{8}、2.783×10^{8},比 F_N=1 124.3 N 时的 1.616×10^{7},分别增加了 2.34 倍、12.62 倍、16.22 倍。

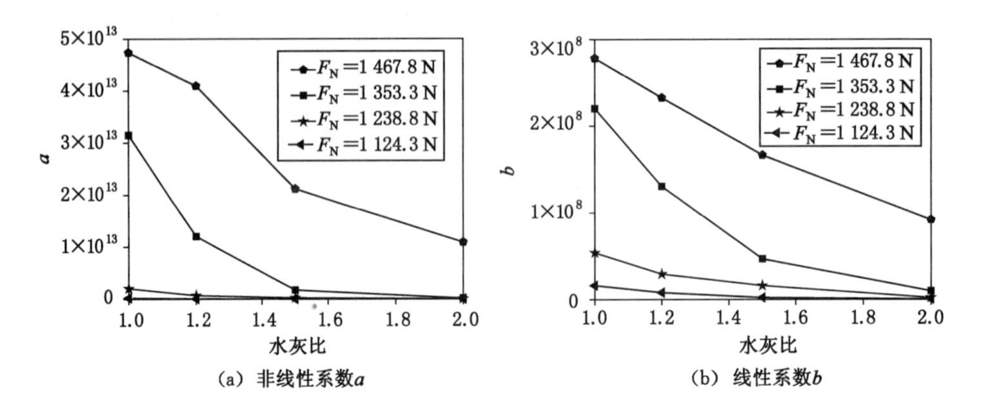

(a) 非线性系数a　　(b) 线性系数b

图 3-9　承压状态下非线性系数 a 和线性系数 b 随浆液水灰比变化情况

3.2.2　归一化导浆系数

利用导浆系数 T 来评价裂隙岩体注浆浆液非线性流动状态[178-179]，T 在达西定律中是常数。然而，在本研究中，对于不同水灰比、法向荷载 F_N 条件下的裂隙浆液非线性流动，T 为变量：

$$-\Delta p = \frac{\mu}{T}Q \tag{3-6}$$

为了评价裂隙岩体注浆浆液非线性流动行为，使用雷诺数(Re：即惯性力与黏滞力之比)来量化非线性流动的发生：

$$Re = \rho Q/(\mu w) \tag{3-7}$$

式中　w——裂隙宽度。

为分析裂隙注浆浆液非线性流动特性，T_0 被引进非线性流动特性研究中[178]，Forchheimer 公式可改写为：

$$\frac{T}{T_0} = \frac{1}{1+\beta Re} \tag{3-8}$$

式中　$\frac{T}{T_0}$——归一化导浆系数；

T_0——极低体积流速下导浆系数；

β——Forchheimer 系数。

$$\beta = \frac{aw\mu}{b\rho} \tag{3-9}$$

式中　b——Forchheimer 线性系数。

基于试验数据(图 3-8)及式(3-6)～式(3-9)可得承压状态和浆液水灰比影响下 T/T_0 和 Re 关系(图 3-10)。从图 3 10 可以看出,在所有情况下,当 Re 较小时,黏性效应在浆液流动行为中占主导地位,故曲线呈水平直线状态(T/T_0 值接近 1.0),该阶段被称为浆液流动黏性阶段[以图 3-10(a)为例,数字 1 所示阶段];随着 Re 的增大,惯性效应逐渐增大,曲线开始向下弯曲,但整体浆液流动特性仍以黏性效应为主,惯性效应可以忽略,这一阶段被称为弱惯性效应阶段[图 3-10(a),数字 2 所示阶段];当 Re 增加到一定值时,由于强惯性效应,曲线开始线性下降,此时惯性效应不可忽略,该阶段被称为强惯性效应阶段[图 3-10(a),数字 3 所示阶段]。与 Zimmerman 等关于裂隙岩体非线性流动试验相比,尽管本试验针对的是浆液(Zimmerman 的研究对象为水),但所得 T/T_0-Re 曲线的变化趋势与 Zimmerman 的研究结果基本一致[178]。同时,在浆液水灰比不变的条件下,随着法向荷载 F_N 的增大,T/T_0-Re 曲线向下移动。

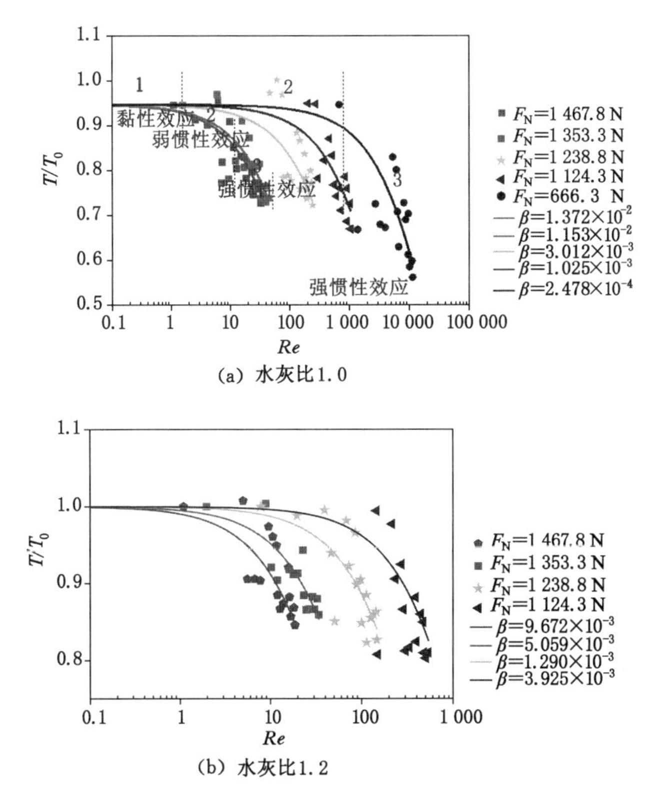

图 3-10　不同承压状态及浆液水灰比条件下 Re 与 T/T_0 关系

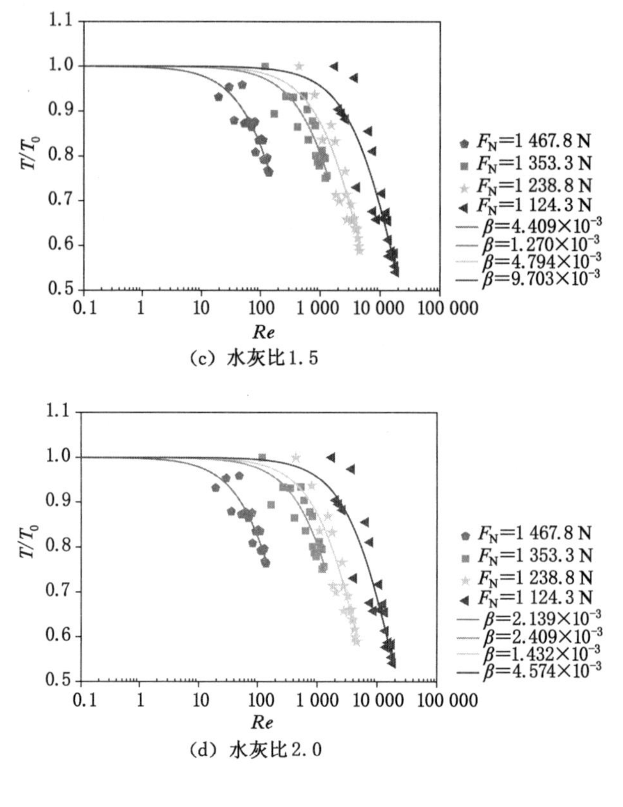

(c) 水灰比1.5

(d) 水灰比2.0

图 3-10(续)

图 3-11 为承压状态下 Forchheimer 系数 β 与浆液水灰比关系，由图可见，随着浆液水灰比增大，β 减小。以 F_N=1 353.3 N 为例，随着水灰比从 1.0 增加到 2.0，β 从 0.011 53 减小到 $2.409\ 08\times10^{-4}$，减小了 97.91%。然而，在较大法向荷载范围内(如 1 467.8 N，1 353.3 N)，当水灰比较小时(1.0～1.5)，随着水灰比增加，β 减小且减小程度较大；当水灰比较大时(1.5～2.0)，β 逐渐减小且最终接近常数。在较小法向荷载范围内(如 1 238.8 N，1 124.3 N)，随着水灰比增加，β 逐渐减小并最终接近常数。

3.2.3 临界浆液水力梯度和临界雷诺数

当流体流速较大时，液体流态不符合线性达西定律[180-182]。为了进一步研究裂隙注浆浆液非线性流动机制和量化非线性流动效应，Zeng 等[183]提出了用参数 E 来表征和量化非线性流动效应：

$$E=aQ^2/(aQ^2+bQ) \tag{3-10}$$

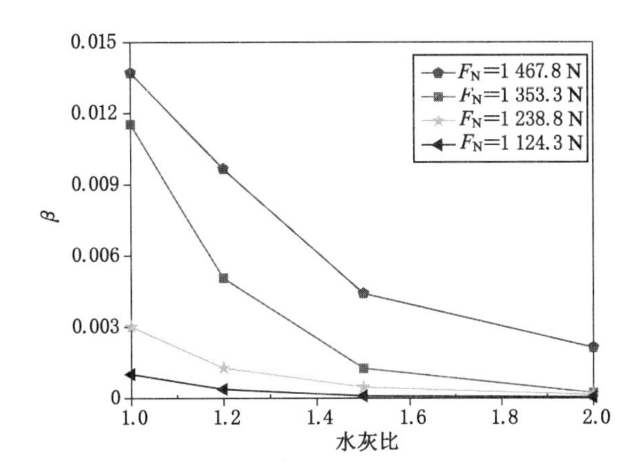

图 3-11 承压状态下 Forchheimer 系数 β 与浆液水灰比关系

式中 aQ^2,bQ——由裂隙流动惯性耗散和黏性耗散所引起的能量损失;

E——因子,与非线性项 aQ^2 相关的浆液水力梯度降占浆液总水力梯度的百分比。

对于裂隙岩体中的浆液流动,随着浆液入口处注浆流速的增加,浆液非线性流动效应会更加明显。以往研究表明,在实际工程中,当临界因子 E 大于 10% 时,非线性项 aQ^2 不可忽略[184],说明开始进入非线性流动状态。因此,选取 $E=0.1$ 用来评估裂隙浆液流态,对应水力梯度 J 和雷诺数 Re 称为临界水力梯度 J_c 和临界雷诺数 Re_c。承压状态和浆液水灰比影响下临界浆液水力梯度 J_c 和临界雷诺数 Re_c 如图 3-12 所示。从图 3-12 可以看出,在 F_N 一定的条件下,随着水灰比增大,所有情况下的 J_c 均呈减小趋势,这意味着水泥浆液水灰比对裂隙注浆浆液非线性流动特性有显著影响。造成这些变化可能的原因如下:随着水灰比的增加,浆液 μ(动力黏度)下降(见表 3-1),对于裂隙中的浆液流动,由式(3-6)可知,流速 Q 与动力黏度 μ 呈反比,即随着水灰比增大(对应 μ 减小),Q 增大,这可能导致浆液较为容易进入非线性流动状态。因此,水灰比的增加导致了 J_c 值的降低。以 $F_N=1\ 353.3$ N 时为例,J_c 分别为 182.179(水灰比 1.2)、160.361(水灰比 1.5)、107.439(水灰比 2.0),这些值比 $J_c=204.194$(水灰比 1.0)时,分别减小了 10.78%、21.47%和 47.38%。此外,在给定的水灰比条件下,J_c 随 F_N 的增加呈上升趋势。

从图 3-12(b)可以看出,在 F_N 一定的条件下,当水灰比增大时,各工况的临界雷诺数 Re_c 均呈增大趋势。以 $F_N=1\ 353.3$ N 时为例,Re_c 分别为 22.773(水灰比 1.2)、88.925(水灰比 1.5)和 533.548(水灰比 2.0),这些值比 $Re_c=10.292$(水灰比 1.0)时,分别增加了 1.21 倍、7.64 倍和 50.84 倍。此外,在水灰比一定的条件，Re_c 随 F_N 的减小而增大。值得注意的是，水灰比越大，Re_c 振幅越大。例如，当水灰比在 1.0～1.2 时，Re_c 增长缓慢，但当水灰比在 1.2～2.0 时，Re_c 增长显著(尤其是 F_N=1 124.3 N)。虽然在流体材料上存在差异，但在一定的水灰比条件下，本试验所得 J_c 均随 F_N 的增大而增大，Re_c 均随 F_N 的增大而减小，其变化趋势与 Yin 等[177]的试验结论相似。然而对于数值来说，本研究中 J_c 和 Re_c 的大小与 Yin 等的研究结果相差约一个数量级(本试验的 J_c 和 Re_c 较大)。可能的原因是：Yin 等的研究是以水为裂隙流动介质的，而本试验裂隙流动介质为浆液，水泥浆液的黏度高于水，因此浆液流经裂隙并开始进入非线性流动状态时需要更大的浆液流速(即更高的浆液水力梯度 J)，因此对应的浆液 J_c 值更大。

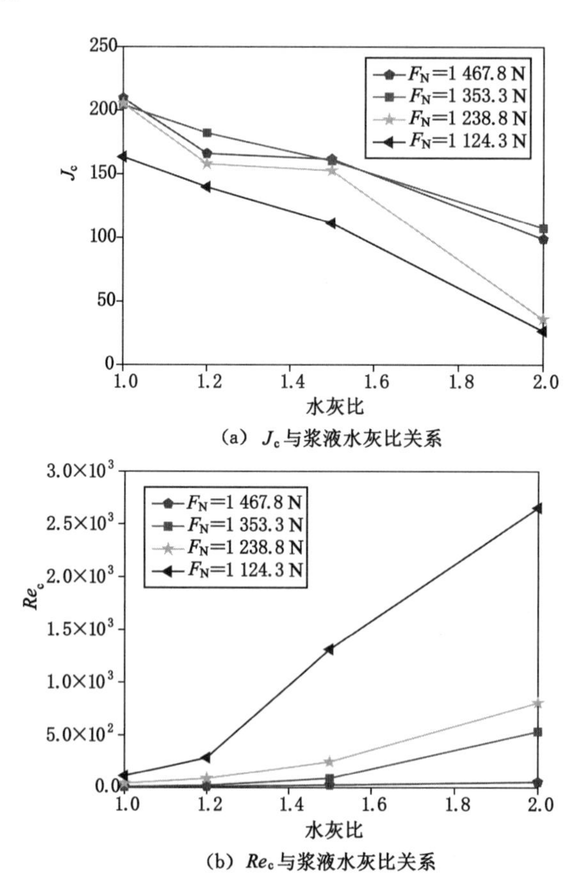

(a) J_c 与浆液水灰比关系

(b) Re_c 与浆液水灰比关系

图 3-12　承压状态下 J_c 和 Re_c 与浆液水灰比关系

3.3 承压状态下裂隙不同粗糙度对浆液流动特性影响

3.3.1 构建不同分形维数粗糙裂隙

为研究承压状态下裂隙不同粗糙度对浆液流动特性影响，基于上文所述的不同分形维数粗糙单裂隙结构，运用高精度激光数控切割技术获得不同分形维数(D=1.1,1.2,1.3,1.4)的有机玻璃粗糙裂隙，如图 3-13 所示。结合上节对 D=1.5 粗糙裂隙浆液流动特性的研究，利用裂隙岩体注浆浆液流动试验系统对承压状态下裂隙不同粗糙度对浆液流动特性的影响进行研究。

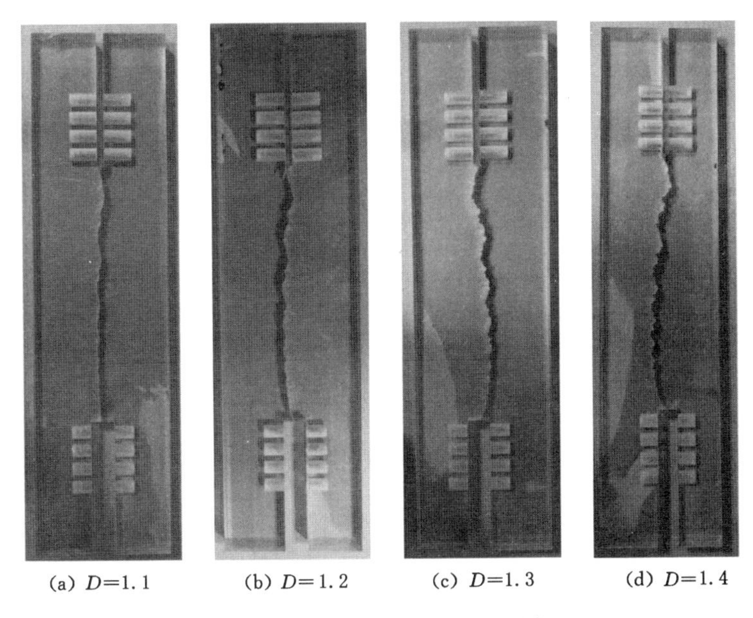

(a) D=1.1　(b) D=1.2　(c) D=1.3　(d) D=1.4

图 3-13　不同分形维数粗糙裂隙

3.3.2 承压状态下裂隙注浆浆液流动特性

图 3-14 显示了在不同法向荷载 F_N(1 124.3～1 467.8 N)条件下不同分形维数 D 的注浆水力梯度 J 与裂隙出口浆液体积流速 Q 的关系。基于式(3-5)，试验数据与 Forchheimer 定律零截距二次方程拟合良好：所有情况下相关系数 R^2 均大于 0.99，见表 3-3。从图 3-14 可以看出，在给定的 F_N 下，对所有试验结果而言，随着分形维数 D 的减小，浆液最大体积流速 Q_{max} 均呈增大趋势，这与文献关于流速与裂隙粗糙度关系的结论是一致的[185]，说明裂隙粗糙度对裂隙

浆液流动特性有明显影响。例如，Q_{max} 从 $8.534\times10^{-7}\ m^3/s$（$D=1.5$）到 $1.433\times10^{-6}\ m^3/s$（$D=1.1$），增加了68%（$F_N=1\ 467.8$ N）；从 $1.085\times10^{-6}\ m^3/s$ 到 $2.064\times10^{-6}\ m^3/s$，增加了90%（$F_N=1\ 353.3$ N）；从 $4.306\times10^{-6}\ m^3/s$ 到 $7.286\times10^{-6}\ m^3/s$，增加了69%（$F_N=1\ 238.8$ N）；从 $1.410\times10^{-5}\ m^3/s$ 到 $3.579\times10^{-5}\ m^3/s$，增加了1.54倍（$F_N=1\ 124.3$ N）。同时，给定 D，随着 F_N 的增大，最大体积流速 Q_{max} 均呈减小趋势，说明法向荷载 F_N 对裂隙浆液流动特性有显著的影响。例如，当 F_N 从1 124.3 N增加到1 467.8 N，最大体积流速 Q_{max} 从 $3.579\times10^{-5}\ m^3/s$ 减小到 $1.433\times10^{-6}\ m^3/s$，减小了96.00%（$D=1.1$）；由 $3.198\times10^{-5}\ m^3/s$ 到 $1.176\times10^{-6}\ m^3/s$，减小了96.32%（$D=1.2$）；由 $2.050\times10^{-5}\ m^3/s$ 到 $1.056\times10^{-6}\ m^3/s$，减小了94.85%（$D=1.3$）；从 $1.628\times10^{-5}\ m^3/s$ 到 $9.601\times10^{-7}\ m^3/s$，减小了94.10%（$D=1.4$）；由 $1.410\times10^{-5}\ m^3/s$ 到 $8.534\times10^{-7}\ m^3/s$，减小了93.95%（$D=1.5$）。

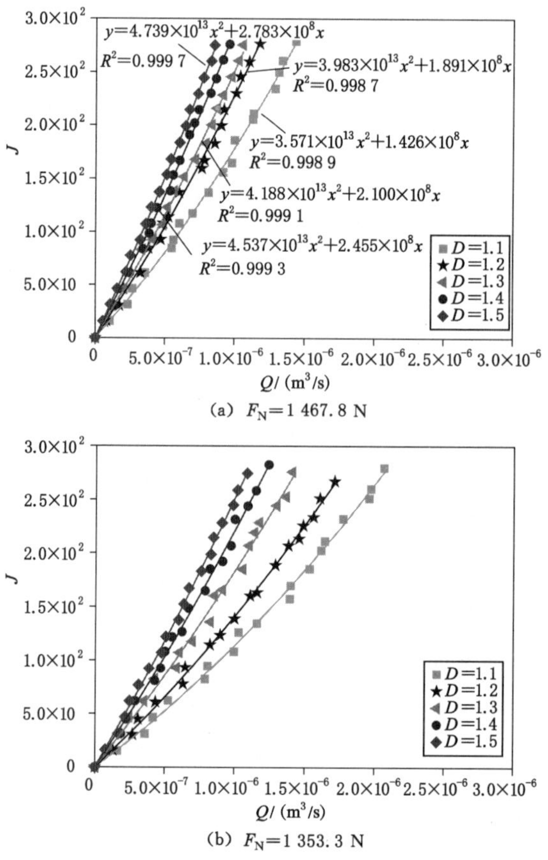

(a) $F_N=1\ 467.8$ N

(b) $F_N=1\ 353.3$ N

图3-14 承压状态及裂隙粗糙度影响下浆液水力梯度 J 与体积流速 Q 非线性关系

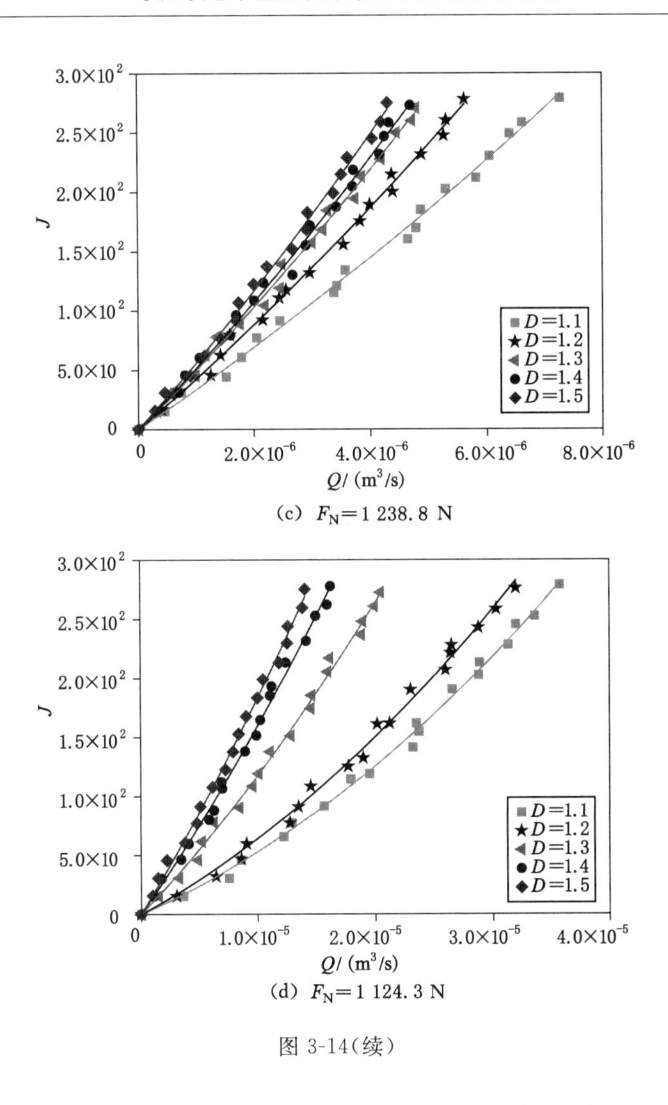

(c) F_N=1 238.8 N

(d) F_N=1 124.3 N

图 3-14(续)

表 3-3　承压状态及裂隙粗糙度影响下浆液流动试验结果

水灰比	F_N/N	D	a	b	R^2	J_c
1	1 467.8	1.5	4.739×10^{13}	2.783×10^{8}	0.999 7	209.498
		1.4	4.537×10^{13}	2.455×10^{8}	0.999 3	165.246
		1.3	4.188×10^{13}	2.100×10^{8}	0.999 1	132.593
		1.2	3.983×10^{13}	1.891×10^{8}	0.998 7	128.390
		1.1	3.571×10^{13}	1.426×10^{8}	0.998 9	89.369

表 3-3(续)

水灰比	F_N/N	D	a	b	R^2	J_c
1	1 353.3	1.5	3.150×10^{13}	2.201×10^{8}	0.999 4	204.194
		1.4	2.902×10^{13}	1.923×10^{8}	0.998 8	169.805
		1.3	2.308×10^{13}	1.600×10^{8}	0.998 2	148.093
		1.2	2.055×10^{13}	1.204×10^{8}	0.999 4	113.392
		1.1	1.865×10^{13}	9.514×10^{7}	0.998 9	86.968
1	1 238.8	1.5	2.016×10^{12}	5.393×10^{7}	0.998 7	205.337
		1.4	1.873×10^{12}	4.956×10^{7}	0.998 3	164.345
		1.3	1.647×10^{12}	4.795×10^{7}	0.998 6	175.011
		1.2	1.352×10^{12}	4.117×10^{7}	0.998 8	163.233
		1.1	8.131×10^{11}	3.289×10^{7}	0.998 7	170.536
1	1 124.3	1.5	2.056×10^{11}	1.616×10^{7}	0.998 9	163.438
		1.4	1.774×10^{11}	1.411×10^{7}	0.998 6	140.736
		1.3	1.462×10^{11}	1.024×10^{7}	0.998 7	97.414
		1.2	1.114×10^{11}	5.273×10^{6}	0.998 4	38.594
		1.1	9.961×10^{10}	4.281×10^{6}	0.998 9	38.118

图 3-15 所示为承压状态下非线性系数 a、线性系数 b 随裂隙分形维数 D 变化，从图中可以看出，随着分形维数 D 的增大，所有 F_N 的非线性系数 a 和线性系数 b 均增大。非线性系数 a 和线性系数 b 均随 F_N 的增大而增大，a、b 随 F_N 的变化趋势与 Yin 等[177]关于裂隙岩体非线性流动的试验结果基本一致。另外，F_N 越大，非线性系数 a 和线性系数 b 图像振幅越大。以分形维数 $D=1.1$，不同法向荷载 F_N 条件下 a 和 b 变化为例，a 对应于 $F_N=1\ 238.8$ N、1 353.3 N 和 1 467.8 N 的值分别为 8.131×10^{11}、1.865×10^{13} 和 3.571×10^{13}，比 $F_N=1\ 124.3$ N 时的 9.961×10^{10}，分别增加了 7.16 倍、186.23 倍和 357.50 倍。同时，b 对应于 $F_N=1\ 238.8$ N、1 353.3 N 和 1 467.8 N 的值分别为 3.289×10^{7}、9.514×10^{7} 和 1.426×10^{8}，比 $F_N=1\ 124.3$ N 时的 4.281×10^{6} 分别增加了 6.68 倍、21.22 倍和 32.31 倍。

3.3.3 归一化导浆系数

图 3-16 所示为 T/T_0-Re 关系曲线，由图可见，随着 Re 的增加，浆液流动经历了 3 个阶段，即：浆液流动黏性阶段[图 3-16(e)数字 1 所示阶段]；弱惯性效应

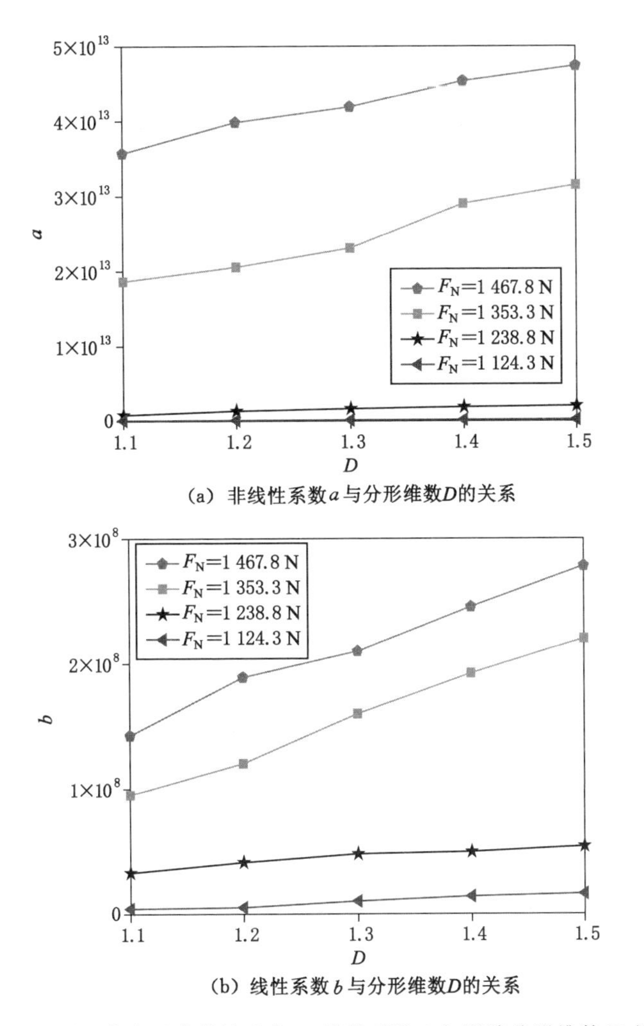

(a) 非线性系数a与分形维数D的关系

(b) 线性系数b与分形维数D的关系

图 3-15 承压状态下非线性系数 a、线性系数 b 与裂隙分形维数 D 关系

阶段[图 3-16(e)数字 2 所示阶段];强惯性效应阶段[图 3-16(e)数字 3 所示阶段],具体分析参见上文对图 3-10(a)的分析。固定分形维数 D,随着法向荷载 F_N 的增大,T/T_0-Re 曲线向下移动。

随分形维数 D 增大,β 减小,当法向荷载较大时(如 F_N 为 1 353.3 N 和 1 467.8 N),这种减小趋势更加明显,如图 3-17 所示。以 F_N=1 467.8 N 为例,随着分形维数 D 从 1.1 增加到 1.5,β 从 0.020 18 减小到 0.013 72,减小了 32.01%。当 F_N 较小时(例如 1 124.3 N),随着 D 的增加,β 逐渐减小。然而,当 F_N=1 238.8 N 时,随着 D 增加,β 几乎不变。

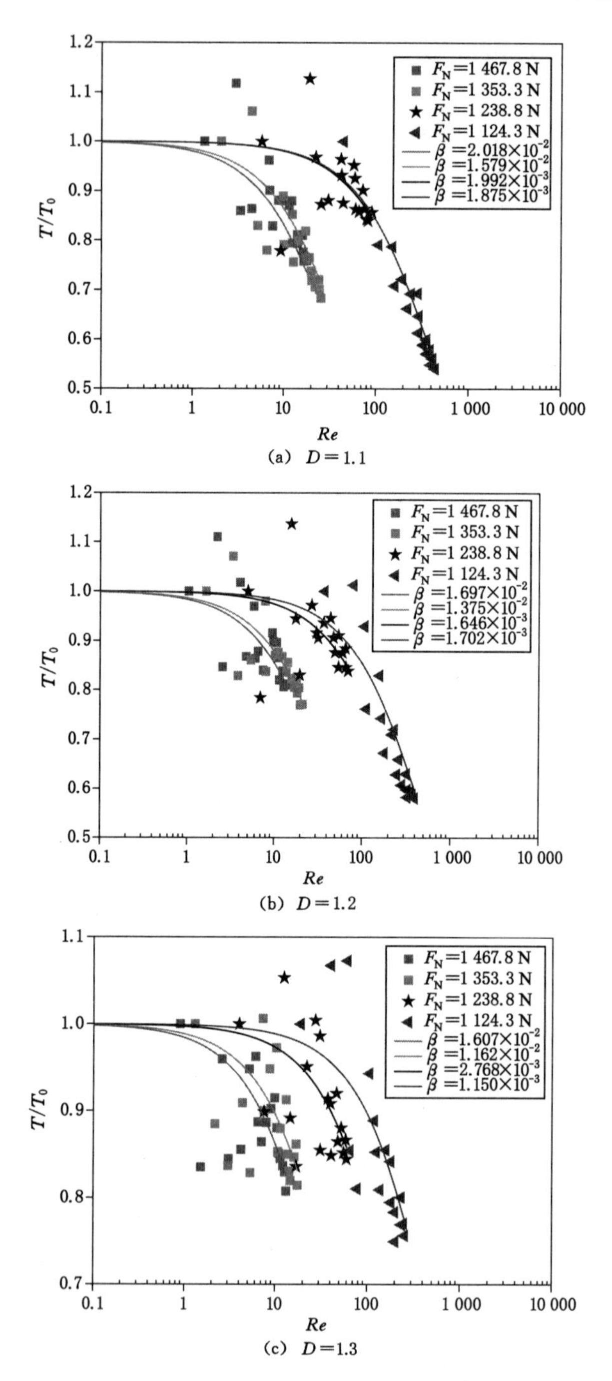

图 3-16 不同承压状态及分形维数条件下 Re 与 T/T_0 关系

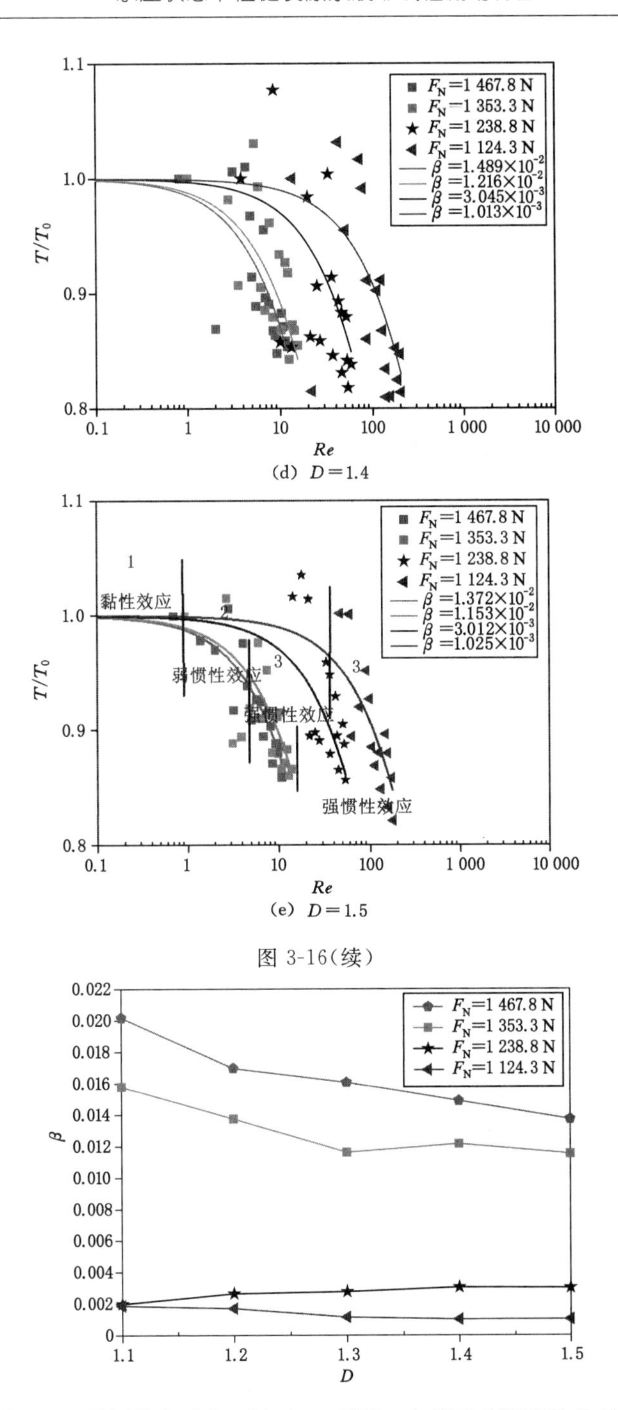

(d) $D=1.4$

(e) $D=1.5$

图 3-16(续)

图 3-17 承压状态下 Forchheimer 系数 β 与裂隙分形维数 D 关系

3.3.4 临界浆液水力梯度

图 3-18 所示为承压状态下临界浆液水力梯度 J_c 与裂隙分形维数 D 关系，从图中可以看出，在 F_N 一定的条件下，随着分形维数 D 增大，J_c 均呈增加趋势，这意味着裂隙粗糙度对裂隙注浆浆液非线性流动特性有显著影响。造成这种趋势可能的原因如下：随着 D 的增加裂隙变得更加粗糙，这使浆液更难通过裂缝。因此，浆液进入非线性流态所需要的浆液水力梯度更大。以 F_N=1 467.8 N 为例，J_c 分别为 128.390(D=1.2)、132.593(D=1.3)、165.246(D=1.4)、209.498(D=1.5)，这些值比 J_c=89.369(D=1.1)时分别增加了 43.66%、48.37%、84.90%和 134.42%。

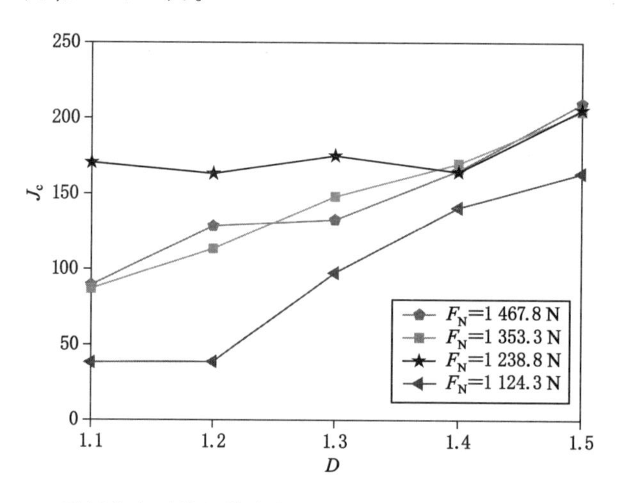

图 3-18 承压状态下临界浆液水力梯度 J_c 与裂隙分形维数 D 关系

3.4 承压状态下粗糙多裂隙注浆浆液流动特性

3.4.1 构建粗糙多裂隙

为与单裂隙浆液流动特性对比，构建承压状态下多裂隙板状岩体注浆模型，如图 3-19 所示。利用裂隙岩体注浆浆液流动试验系统开展承压状态下多裂隙注浆浆液流动特性试验。结合图 3-6(a)，为保证单弹簧法向受力为 $F_N/8$(即保证多裂隙中每条裂隙宽度变化与单裂隙一致，方便与单裂隙浆液流动试验对比)，基于弹簧串并联规律可知多裂隙弹簧所需法向总荷载应为 F_N(总荷载 F_N，每 4 只弹簧串联为一组，8 组并联，每组受力是 $F_N/8$，每组串联的 4 只单弹簧受

力均相等且等于 $F_N/8$)[172-173],如图 3-19 所示。

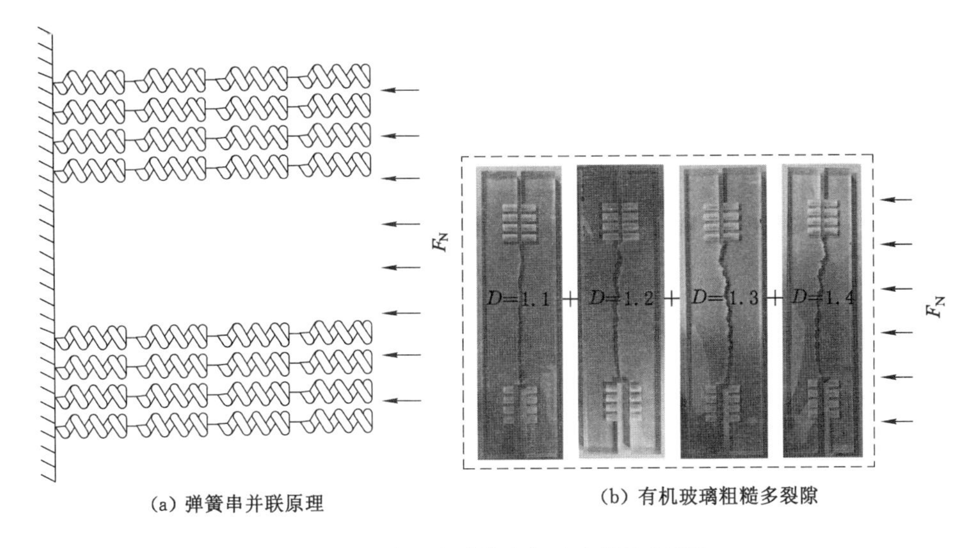

(a) 弹簧串并联原理　　(b) 有机玻璃粗糙多裂隙

图 3-19　含高强度弹簧有机玻璃粗糙多裂隙

3.4.2 承压状态下多裂隙注浆浆液流动特性

图 3-20 显示了在不同浆液水灰比和法向荷载 F_N 条件下粗糙多裂隙注浆浆液总水力梯度 J 与裂隙出口浆液总体积流速 Q 的关系。

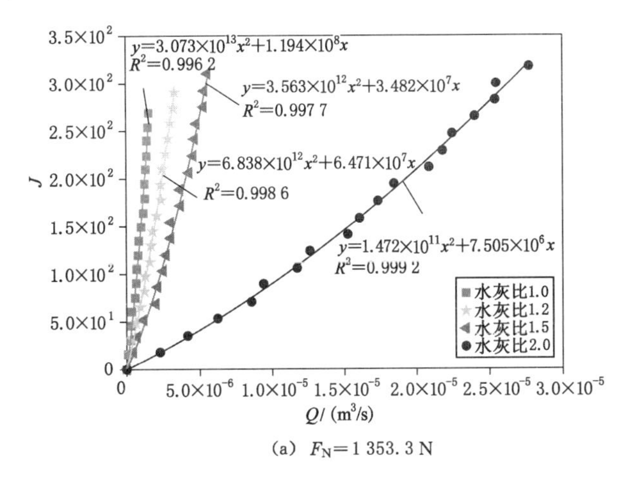

(a) F_N=1 353.3 N

图 3-20　承压及不同水灰比条件下多裂隙注浆浆液总水力梯度 J 与总体积流速 Q 非线性关系

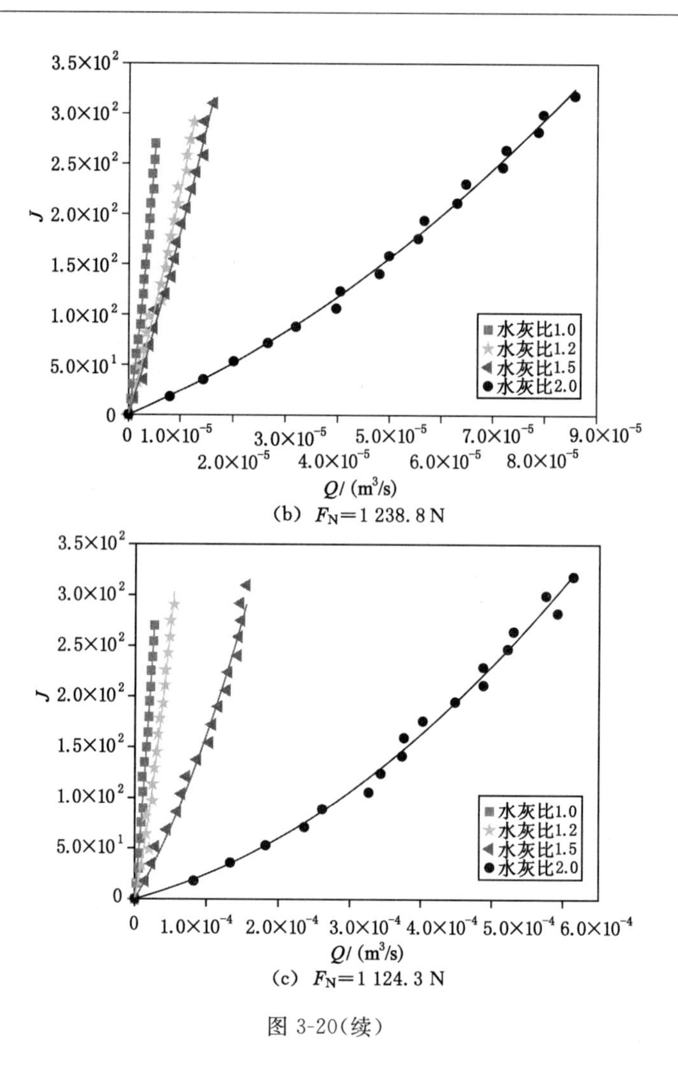

(b) F_N=1 238.8 N

(c) F_N=1 124.3 N

图 3-20(续)

由图 3-20 可见,所有情况下的相关系数 R^2 均大于 0.98,表明试验值与 Forchheimer 零截距二次方程拟合曲线吻合良好。在 F_N 一定的条件下,对所有试验结果而言,随着浆液水灰比的增大,浆液最大体积流速 Q_{max} 均呈增大趋势,说明浆液水灰比对多裂隙浆液流动特性亦有明显影响。例如,Q_{max} 从 1.544×10^{-6} m³/s(水灰比 1.0)到 2.773×10^{-5} m³/s(水灰比 2.0),增加了 16.96 倍(F_N=1 353.3 N);从 5.198×10^{-6} m³/s 到 8.566×10^{-5} m³/s,增加了 15.48 倍(F_N=1 238.8 N);从 2.714×10^{-5} m³/s 到 6.136×10^{-4} m³/s,增加了 21.61 倍(F_N=1 124.3 N)。同时,在水灰比一定的条件下,随着 F_N 的增大,最大体积流速 Q_{max} 均呈减小趋势,说明法向荷载 F_N 对多裂隙浆液流动特性也有明显影响。例如，当 F_N 从 1 124.3 N 增加到 1 353.3 N，最大体积流速 Q_{max} 从 2.714×10^{-5} m^3/s 减小到 1.544×10^{-6} m^3/s，减小了 94.31%（水灰比 1）；由 5.474×10^{-5} m^3/s 到 3.302×10^{-6} m^3/s，减小了 93.97%（水灰比 1.2）；由 1.548×10^{-4} m^3/s 到 5.572×10^{-6} m^3/s，减小了 96.40%（水灰比 1.5）；由 6.136×10^{-4} m^3/s 到 2.773×10^{-5} m^3/s，减小了 95.48%（水灰比 2.0）。对比可知，多裂隙浆液最大体积流速 Q_{max} 随不同浆液水灰比和法向荷载变化规律与单裂隙是一致的。

图 3-21 所示为承压状态下非线性系数 a、线性系数 b 随浆液水灰比变化，从图中可以看出，随着水灰比的增大，所有 F_N 条件下 a 和 b 均减小，且水灰比越小，减小幅度越大；a 和 b 均随 F_N 的增大而增大。多裂隙 Forchheimer 非线性系数 a 和线性系数 b 随水灰比和 F_N 变化趋势与单裂隙是一致的。

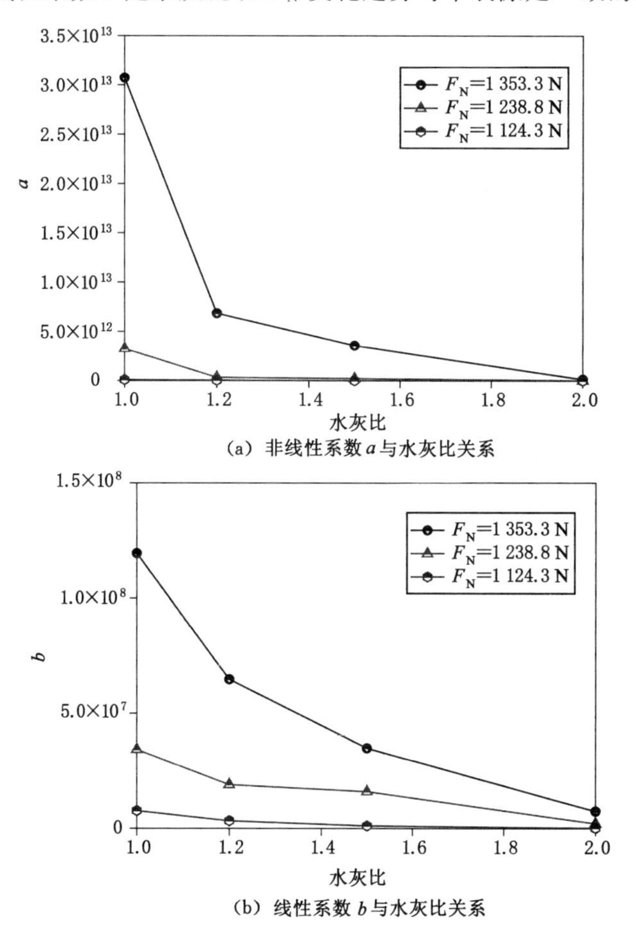

图 3-21　承压状态下非线性系数 a 和线性系数 b 随浆液水灰比变化

3.4.3 临界浆液水力梯度和临界雷诺数

图 3-22 所示为承压状态下 J_c、Re_c 与浆液水灰比关系，从图中可以看出，在 F_N 一定的条件下，随着水灰比增大，J_c 几乎都呈减小趋势(尽管在水灰比相对较小时有轻微波动，这可能是由多裂隙浆液流动试验误差造成的)，而 Re_c 则呈明显的增加趋势，这意味着水泥浆液水灰比对裂隙注浆浆液非线性流动特性有显著影响。造成这些变化可能的原因见上文关于单裂隙浆液流动的分析。水灰比一定的条件下，Re_c 随 F_N 的减小而增大，其受法向荷载影响较为明显。值得注意的是，水灰比越大，Re_c 增加程度越大，例如，当水灰比在 1.0～1.5 时 Re_c 增长缓慢，但当水灰比在 1.5～2.0 之间时 Re_c 增长显著。

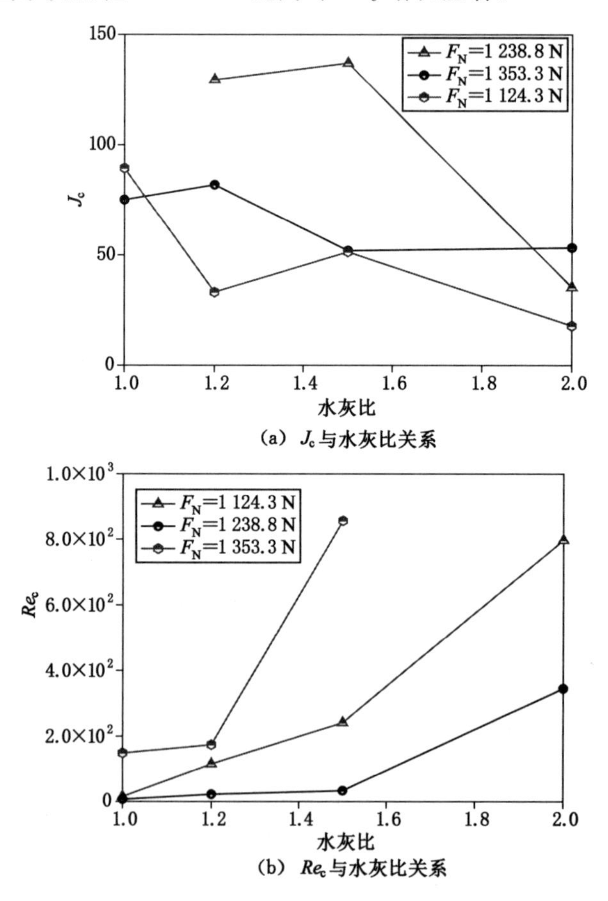

图 3-22 承压状态下 J_c 和 Re_c 与浆液水灰比关系

3.5 本章小结

本章研究了承压状态下超细水泥浆液水灰比及裂隙粗糙度对单裂隙和多裂隙注浆浆液非线性流动特性的影响。自行研制了一种高效裂隙注浆浆液流动试验装置,该试验装置配置高精度压力变送器、无纸记录仪、高精度自制电子天平等用来实时采集注浆压力 p 和体积流速 Q,获得了浆液水力梯度 J 与浆液体积流速 Q 之间非线性关系、非线性系数 a 及线性系数 b、归一化导浆系数 T/T_0 与雷诺数 Re 之间关系、Forchheimer 系数 β、临界水力梯度 J_c、临界雷诺数 Re_c 等。主要结论如下:

(1) 对于承压状态下单裂隙注浆,不同浆液水灰比对应的浆液水力梯度 J 与体积流速 Q 均呈非线性关系,拟合结果符合 Forchheimer 非线性流动定律。F_N 一定时,随着水灰比增大,浆液最大体积流速 Q_{max} 均增大,这意味着浆液水灰比对裂隙注浆浆液流动特性有明显影响;水灰比一定时,随着 F_N 的增加,Q_{max} 值均减小,说明法向荷载对裂隙注浆浆液流动特性有影响。非线性系数 a 和线性系数 b 均随浆液水灰比的增大而减小;随 F_N 的增大而增大,且 F_N 越大,其振幅越大。不同裂隙粗糙度对应的浆液水力梯度 J 与体积流速 Q 均呈非线性关系,拟合结果符合 Forchheimer 非线性流动定律。F_N 一定时,随着 D 的减小,浆液最大体积流速 Q_{max} 均增大,这与文献[185]关于流速与裂隙粗糙度关系的结论是一致的,说明裂隙粗糙度对裂隙注浆浆液流动特性有明显影响。D 一定时,随着 F_N 的增加,Q_{max} 值均减小。非线性系数 a 和线性系数 b 均随 D 和 F_N 的增大而增大,且 F_N 越大,其振幅越大。综上,对于浆液不同水灰比及不同裂隙粗糙度,非线性系数 a 和线性系数 b 均随 F_N 的增大而增大,且 F_N 越大,变化振幅越大,这与文献[177]里的有关结论是一致的。对于多裂隙注浆,其最大体积流速 Q_{max} 随不同浆液水灰比和法向荷载变化趋势与单裂隙一致。

(2) 对于承压状态下浆液水灰比及裂隙粗糙度影响下的归一化导浆系数与雷诺数 T/T_0-Re 关系均具有以下特征:当 Re 较小时,随着 Re 的增加,T/T_0-Re 曲线呈水平直线(接近 1.0),其原因是黏性效应在此时裂隙浆液流动中占主导地位,该阶段称为浆液流动黏性阶段;随着 Re 的增加,T/T_0-Re 曲线开始向下弯曲,然而在此阶段浆液流动仍受黏性效应控制,惯性效应此时仍可忽略,这一阶段称为弱惯性效应阶段;当 Re 增加到一定值时,T/T_0-Re 曲线开始线性下降,在这一阶段,惯性效应已不可忽视,惯性效应在此时浆液流动过程中起主导作用,该阶段称为强惯性效应阶段,该曲线变化趋势与 Zimmerman 等的研究结果基本一致[178]。水灰比与 D 一定的条件下,随着法向荷载 F_N 的增大,

T/T_0-Re 曲线向下移动。对于不同 F_N，随着浆液水灰比增大，β 减小，然而在较大法向荷载范围内（如 F_N 为 1 467.8 N 和 1 353.3 N），当水灰比较小（1.0～1.5）时，随着水灰比增加，β 减小且减小程度较大；当水灰比较大（1.5～2.0）时，β 逐渐减小且最终接近常数。在较小法向荷载范围内（如 F_N 为 1 238.8 N 和 1 124.3 N），随着水灰比增加，β 逐渐减小且最终接近于常数。对于不同 F_N，随着分形维数 D 增大，β 减小，当法向荷载较大时（如 F_N 为 1 353.3 N 和 1 467.8 N），这种减小趋势更加明显；当 F_N 变小时（1 124.3 N），随着 D 的增加，β 逐渐减小，而当 F_N=1 238.8 N 时，随着 D 增加，β 几乎不变。

(3) 对于单裂隙，F_N 一定时，随着水灰比的增大，J_c 减小，Re_c 增大；在一定的 F_N 下，J_c 随 D 的增大而增大，这意味着浆液水灰比和裂隙粗糙度对裂隙注浆浆液非线性流动特性有显著影响。对于单裂隙和多裂隙，在一定的水灰比下，随着 F_N 的增加，Re_c 均减小，这与 Yin 等[177]关于 Re_c 随 F_N 变化趋势的试验结果基本一致。

4 承压状态下破碎泥岩注浆加固及宏观-细观破坏特性

由第 2 章弱胶结泥岩单轴压缩破坏形态(图 4-1)特征可知,泥岩破坏表现出“先裂隙后破碎”形式,即泥岩破坏先由裂隙开始,随着外力荷载增加,新的裂隙不断产生,继而裂隙扩展,最后众裂隙相互贯穿,使得裂隙岩体向破碎岩体转化。而实际地下工程中多裂隙岩体受压后的破坏也大多遵循着“先裂隙后破碎”的破裂形式[148,186-187]。第 3 章已对承压状态下粗糙裂隙浆液流动机制进行研究,本章则对破碎泥岩承压条件下的注浆加固体力学及宏观-细观破坏特性进行研究。

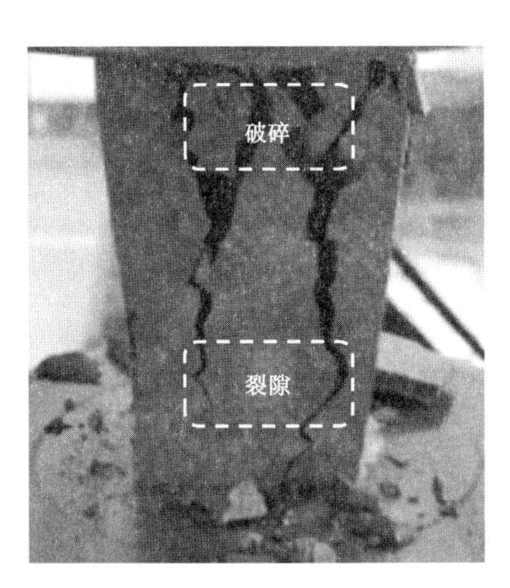

图 4-1 泥岩试样单轴压缩破坏形态

完整性不强、破碎区较多的工作面,采动会导致围岩承载力急剧下降且岩体水也会沿着破碎带渗(流)出,对巷道围岩安全稳定造成很大影响,因此亟须对此类泥岩破碎带进行加固处理。渗透注浆是地下工程中防止突水突泥、加固强度低且高渗透性岩土体的一种有效方法。为了更好地了解岩土体渗透注浆及其加固机理,相关学者进行了许多试验研究。在这些研究中,与压密注浆和劈裂注浆相比，渗透注浆只需较低的注浆压力，且易于控制，在实际地下工程中有着更广泛的应用。对于破碎岩体注浆，以往研究中被注材料多为煤岩体，然而，煤岩和泥岩在力学特性及吸水性能方面差距较大[20]。

在经历开挖、支护至稳定（或破坏）的过程中，地下岩体围岩应力状态一般可划分为三个阶段，即：开挖前稳定三向应力状态—开挖后单向、两向或低围压下的三向应力状态—支护后复杂的应力状态。开挖扰动等影响下的围岩具有较大松动范围，其支护主体为破裂（碎）岩体，此破裂岩体在有效支护约束下具有一定的结构效应，即此时的破裂岩体可一定程度承载和抵抗变形。然而，破裂岩体的形态特征（非完整的、破碎的）导致这种结构效应可能随着应力及环境变化而发生改变，即结构效应可能会增加或减弱，具有不确定性。注浆可以增加该破裂（碎）岩体的完整性和结构性，因此，针对此种具有结构效应的（即在承压及有效支护约束条件下）破碎岩体注浆研究具有重要意义。另外，与一般非吸水性（或微吸水性）破碎岩体（如大理石、煤岩体等）相比，泥岩具有较强吸水特性，泥岩从浆液中吸收水分，可导致泥岩的进一步崩解和软化，如何在破碎泥岩注浆过程中减小其对浆液中水分的吸收从而对破碎泥岩起到良好的注浆加固效果是亟须解决的关键问题之一。现有多数岩土体渗透（包括注浆）试验装置均是不可视化的，无法准确观察和追踪浆液在破碎岩体内部流动特征。另外，以往关于破碎岩体注浆加固体受力后破坏特性的研究多局限于结构宏观破坏特性，鲜有对破碎岩体注浆加固体细观破坏特性的研究。

综上，本章采用自行研制的承压状态下破碎泥岩注浆可视化试验装置对承压及有效支护约束条件下的破碎泥岩注浆进行研究，重点考虑不同浆液水灰比、不同上覆岩层压力及不同粒径尺寸对破碎泥岩注浆加固体力学及宏观-细观破坏性能的影响，揭示不同影响因素及其耦合效应对破碎泥岩注浆加固体力学及宏观-细观破坏特性影响规律，同时为泥岩巷道底板变形控制数值模型提供参数。该可视化浆液渗透装置可直接观察浆液在破碎泥岩内渗流全过程、浆液渗流锋面形态及出口浆液流量，为进一步研究复杂条件下浆液在破碎泥岩中的渗透特性提供研究基础。

图 4-2 为内蒙古五间房煤田西一矿 3-3 号煤层 1302 工作面 1770 测段巷道断面变形轮廓及泥岩底板雷达图，由图可见，泥岩底板雷达信号在深度 0～2 m 范围出现能量分布混乱，说明此区域内岩体极其破碎。巷道围岩破碎区渗水情况如图 4-3 所示。

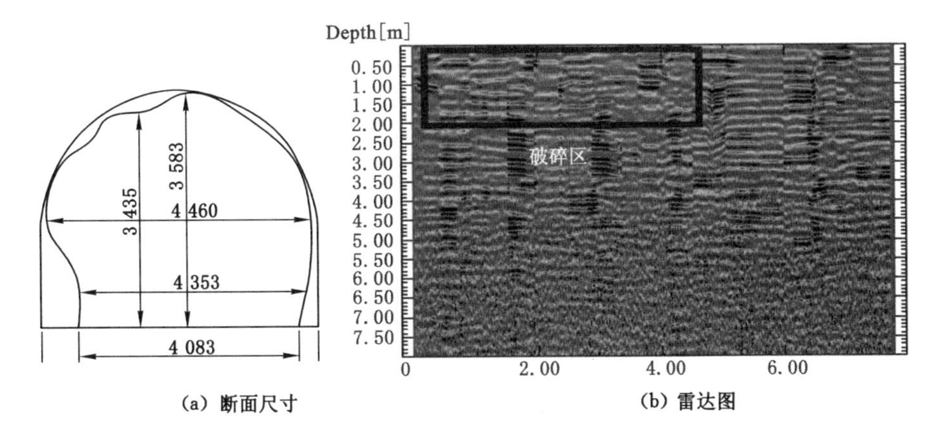

图 4-2　1770 测段巷道断面变形轮廓及底板雷达图

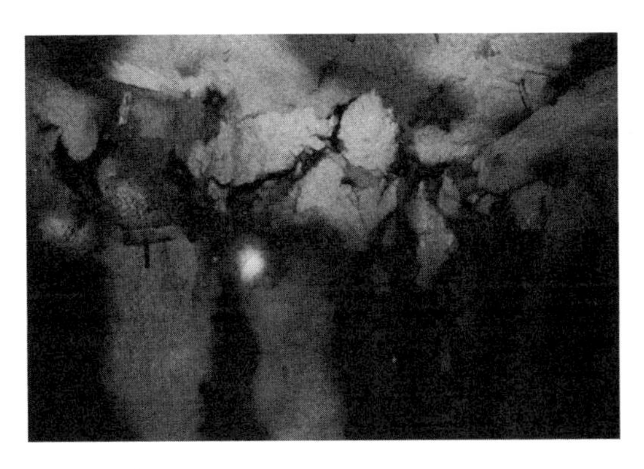

图 4-3　巷道围岩破碎区渗水情况

4.1　承压状态下破碎泥岩注浆可视化试验系统及试验方案

4.1.1　试验系统主要组成结构

承压状态下破碎泥岩注浆可视化系统是完全自主研发的试验设备，可用于模拟破碎岩体在承压及有效支护约束条件下的注浆试验，系统具有良好的密封性和较高精度。其主要包括：

(1) 应力加载系统

应力加载系统主要包括 60 t 液压伺服试验机(图 4-4)。试验机可以给破碎岩体试样提供精确的轴向压力，以此来模拟破碎岩体的承压条件(上覆岩层压力),轴向压力与圆筒形厚壁(高强度有机玻璃)所共同形成的有效支护约束使得注浆破碎岩体具有一定的结构效应。

图 4-4　60 t 液压伺服试验机

(2) 破碎岩体注浆系统

破碎岩体注浆系统是用来进行承压及有效支护约束条件下破碎泥岩注浆的主试验装置,主要由高强度有机玻璃注浆桶(内径 50 mm,高 180 mm,厚 10 mm)、压头、带有注浆入口的底座、浆液出口(管)等组成,如图 4-5 所示。为保证装置密封性,各接触部位用密封圈和生料带密封,保证试验过程中浆液不泄漏。注浆试验前应逐层装填破碎泥岩(注:装填破碎泥岩前应先对有机玻璃注浆桶刷油,方便后期注浆加固体的采取)。有机玻璃注浆桶设计内径为 50 mm 是为注浆加固体取样后可直接对其进行力学特性试验(切割成标准试样即 50 mm×100 mm),而不需再进行取芯等操作(取芯会对破碎泥岩加固体产生较大扰动,影响试验结果)。

(3) 浆液供给及数据采集分析系统

浆液供给及数据采集系统主要包括注浆泵、注浆管路及监测设备,如图 4-6 所示。其中,注浆泵采用高压注浆机(因注浆桶浆液出口与大气相通,故注浆压力很小,为渗透注浆);注浆压力监测设备主要包括隔膜压力变送器、彩色无纸记录仪。

4.1.2 泥岩试样制备

为研究粒径对注浆加固体力学及宏观-细观破坏特性的影响,运用破碎机及分选筛将泥岩分为粒径 1(5～10 mm)和粒径 2(2.5～5 mm)两种不同粒径的样品,如图 4-7 所示。

(a) 压头

(b) 注浆底座

(c) 浆液渗透装置

图 4-5　破碎岩体注浆浆液渗透装置

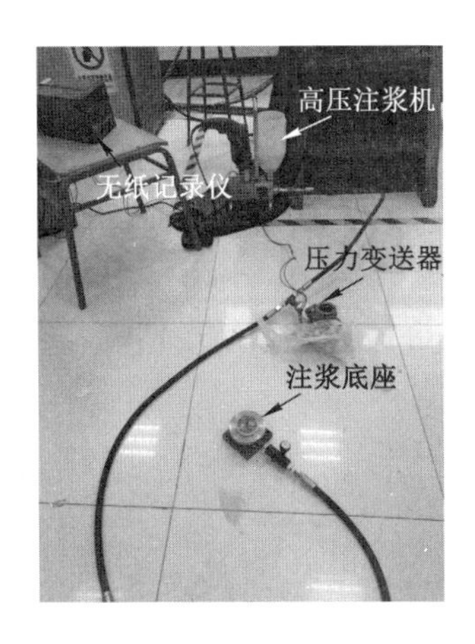

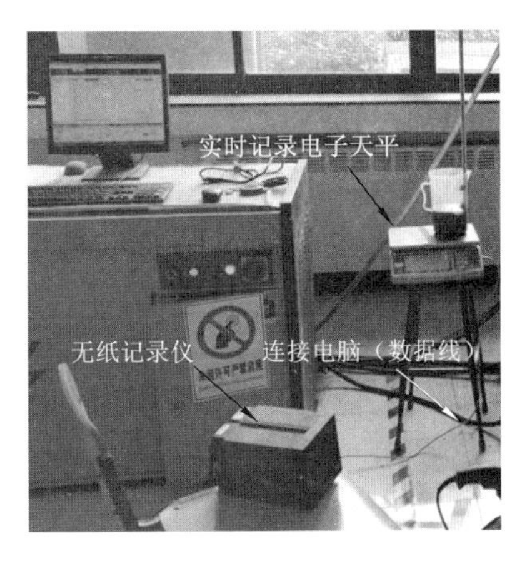

图 4-6　浆液供给及数据采集系统

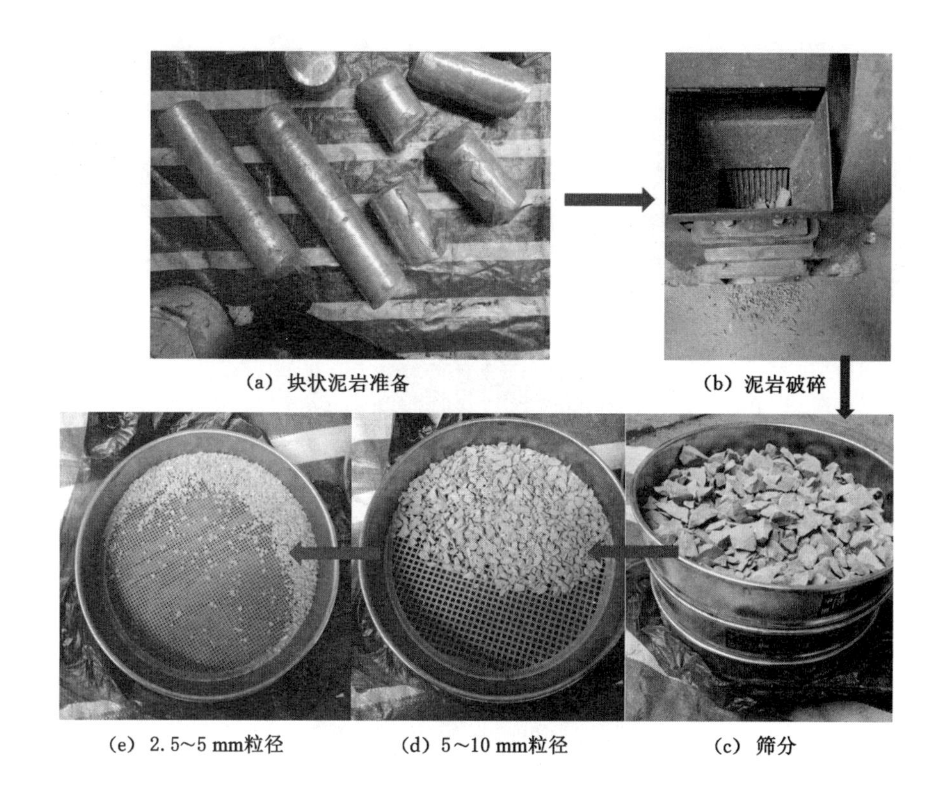

图 4-7　破碎及筛分

4.1.3　浆液配置

本试验所选注浆材料为超细水泥(其性质见第 2 章),配置水灰比分别为 1.2 和 2.0 的水泥浆液。为在破碎泥岩注浆过程中减小泥岩对浆液中水分的吸收,经过多种浆液添加剂的反复对比和试验,最终选定 20 万黏度羟丙基甲基纤维素(HPMC)作为浆液保水剂,其化学式和实物如图 4-8 所示。HPMC 可大幅改善水泥浆液(砂浆等)的可塑性和保水性,且可提高浆液泵送性能,其部分理化性质如下:

(1) 外观为白色或类白色粉末。

(2) 颗粒度方面,100 目通过率大于 98.5%,80 目通过率大于 100%。

(3) 表观密度 0.25~0.70 g/cm^3(通常在 0.5 g/cm^3 左右)。

(4) 具有增稠能力,排盐性、灰分低、pH 值稳定性、保水性、优良的成膜性及广泛的耐酶性、分散性和黏结性等特点。

(a) 化学式

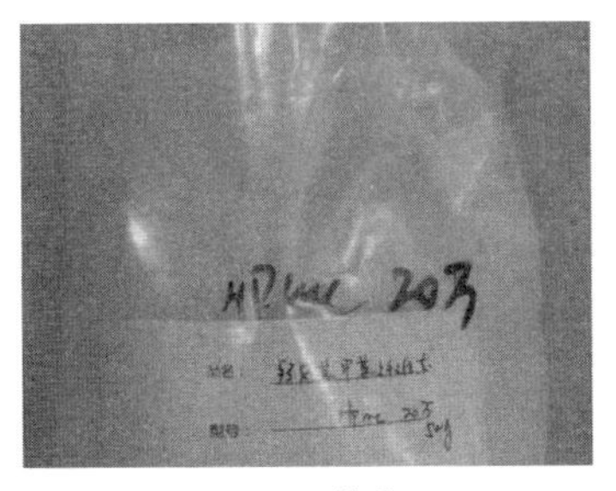

(b) 外观

图 4-8 羟丙基甲基纤维素(HPMC)

保水性浆液配置过程如下:按照设计水灰比将水和超细水泥称量备好,配置水泥浆液,待水泥浆液配置好后添加 HPMC(添加量为水泥浆液总质量的 3‰),如图 4-9 所示。

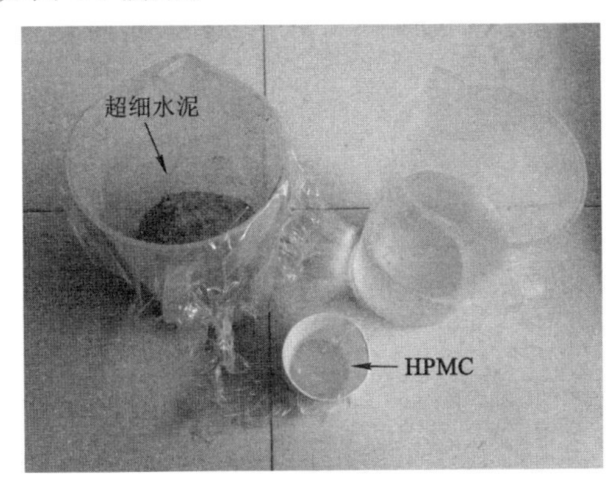

图 4-9 保水性浆液配置

为验证改进后的浆液在泥岩注浆过程中的保水性能,对改进前的泥岩浆液(不添加 HPMC 与添加 HPMC)的吸水特性进行定性对比,其中改进前超细水泥浆液水灰比设定为 1.2(浆液中水和灰占比相近),改进后超细水泥浆液水灰比设定为 2.0(浆液中水的比例较大),对比试验结果如图 4-10 所示。由图 4-10 可以看出:泥岩从超细水泥浆液中吸水的现象明显,但几乎不从改进后的超细水泥浆液(添加 HPMC)中吸水。这说明改进后的超细水泥浆液可有效减小注浆过程中泥岩对浆液中水分的吸收,从而减小此过程对浆液参数及注浆加固体力学特性的影响。

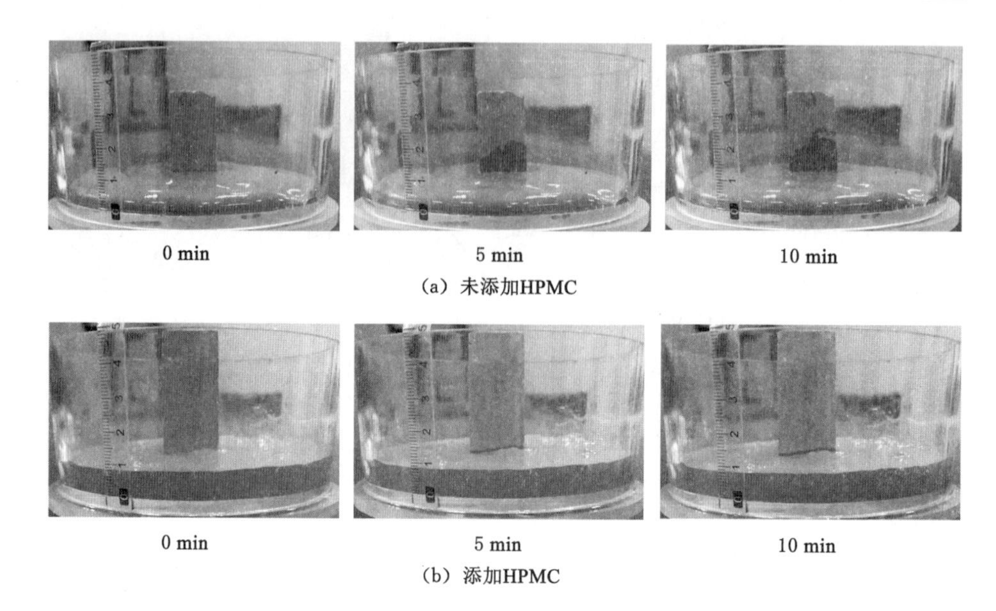

图 4-10　泥岩在未添加 HPMC 和添加有 HPMC 的超细水泥浆液中吸水性对比

4.1.4　管路清洗及注浆加固体采取

因为水泥浆液初凝时间较快，在试验结束后应对注浆管路进行清洗，直到底座口出现清水为止，如图 4-11 所示。

图 4-11　注浆管路清洗

为研究不同影响因素下的破碎泥岩注浆加固体的力学及细观性质，需对养护后的注浆加固体进行取样。为了保证注浆加固体的完整性及试验过程中的高强度环向约束力，圆柱形注浆桶被制作成一个整体，中间无任何拼接和缝隙，但是这会给后期取样带来一定的困难（如果圆柱体是两半拼接而成，取样会异常简单）。本书采用的方式是利用CSS-WAW1000电液伺服万能试验机和自行设计的脱模设备对加固体进行取样（图4-12），试验机压头设置较小移动速率（如2～5 mm/min）。较小的压头移动速率是为了保证加固体结构在出桶过程中不发生扰动破坏，使得试验结果更准确。

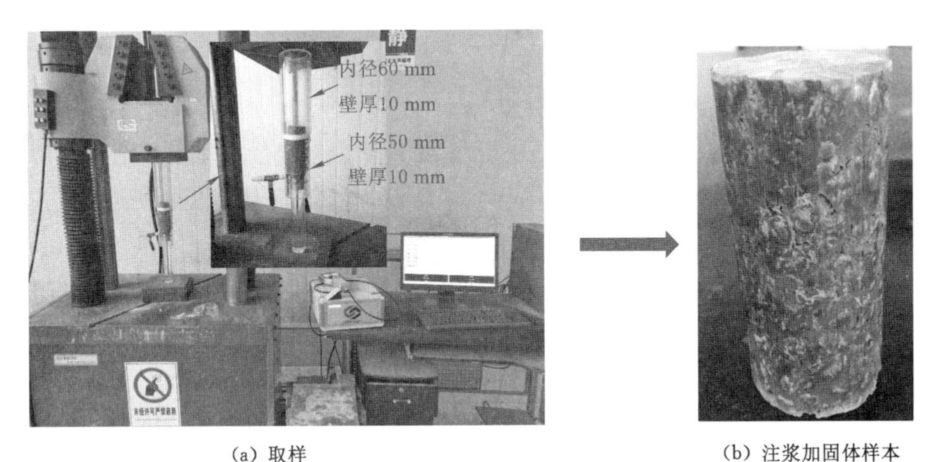

(a) 取样　　(b) 注浆加固体样本

图4-12　破碎泥岩注浆加固体取样

4.1.5　承压状态下破碎泥岩注浆试验方案

首先启动压力机，向高强度高透明有机玻璃圆柱注浆桶内逐层装填某一粒径破碎泥岩并组装各子构件，将浆液渗透装置置于压力平台上并施加较小压力使其固定（不改变岩样的破碎程度），制备浆液，施加设计轴向压力，注浆并监测。浆液的制备应严格遵循上述顺序，这是为了保证浆液较好的流动性，不至于配置好的浆液因放置时间过长而初凝。为研究水泥浆液不同水灰比及承压条件对破碎岩体注浆加固及细观破坏特性的影响，对不同粒径的破碎岩体（粒径1、粒径2）进行不同水灰比及不同承压状态下的注浆试验。配置水灰比为1.2和2.0的保水性超细水泥浆液。试验泥岩采自内蒙古五间房煤田西一矿3-3号煤层底板（约300 m深），根据地应力计算方法[154]，基于第2章测定的泥岩密度结果为2 560 kg/m^3，计算估计上覆岩层压力大约为7.53 MPa。基于弹塑性理论，开挖后的巷道围岩存在应力降低区，相比原岩应力可下降40%～70%。另外，注浆加固体横截面积半径为25 mm，因此设计上覆岩层压力为5.91～10.34 kN，故本书选择 8 kN 作为上覆岩层压力模拟值。而为反映不同上覆岩层压力对注浆加固效果的影响,选择 4 kN 作为对比研究。

4.2 承压状态下破碎泥岩注浆加固体力学及宏观-细观破坏特性

4.2.1 力学特性

为模拟实际工程中水泥浆液不同水灰比(1.2, 2.0)、上覆岩层压力(8 kN, 4 kN)和粒径(5~10 mm, 2.5~5 mm)对破碎泥岩注浆加固体及其细观结构破坏特性的影响,设计的试验方案见表 4-1。注浆加固体养护时间均为 3 d。

表 4-1 承压状态下破碎泥岩注浆方案

试样	水灰比	F/kN	粒径/mm	备注
1#	2	8	5~10	加 HPMC
2#	2	4	5~10	加 HPMC
3#	1.2	8	5~10	加 HPMC
4#	1.2	4	5~10	加 HPMC
5#	1.2	4	2.5~5	加 HPMC
6#	1.2	0	5~10	加 HPMC
7#	1.2	8	5~10	不加 HPMC

试验得到不同影响因素条件下的破碎泥岩注浆加固体单轴压缩应力-应变曲线及其破坏模式,如图 4-13 所示。分析图 4-13 得到的各破碎泥岩注浆加固体试样单轴抗压强度、弹性模量及峰值应变等力学参数见表 4-2。由表 4-2 数据可知,在粒径 5~10 mm、浆液水灰比 1.2 条件下,上覆岩层压力由 4 kN 增加到 8 kN,泥岩加固体抗压强度增高 2.84%;粒径 5~10 mm、浆液水灰比 2.0 时,上覆岩层压力由 4 kN 增加到 8 kN,泥岩加固体抗压强度增高 17.15%;上覆岩层压力为 0 时(6# 试样),即无承压条件,其所对应的抗压强度(0.416 MPa)明显低于上覆岩层压力 4 kN 和 8 kN 时的抗压强度。这些均说明承压及环向约束条件下的破碎泥岩注浆加固体具有结构效应,且这种结构效应随上覆岩层压力的增加而增加。在粒径 5~10 mm 和上覆岩层压力 8 kN 条件下,随浆液水灰比由 1.2 变为 2.0,泥岩加固体抗压强度降低了

38.88%，说明浆液水灰比对破碎泥岩注浆加固体力学特性有明显影响。在上覆岩层压力 4 kN 和水灰比 1.2 条件下，随泥岩粒径增加（从 2.5～5 mm 到 5～10 mm），泥岩加固体抗压强度增加了 4.77%，说明泥岩粒径对破碎泥岩注浆加固体力学特性亦有明显影响。

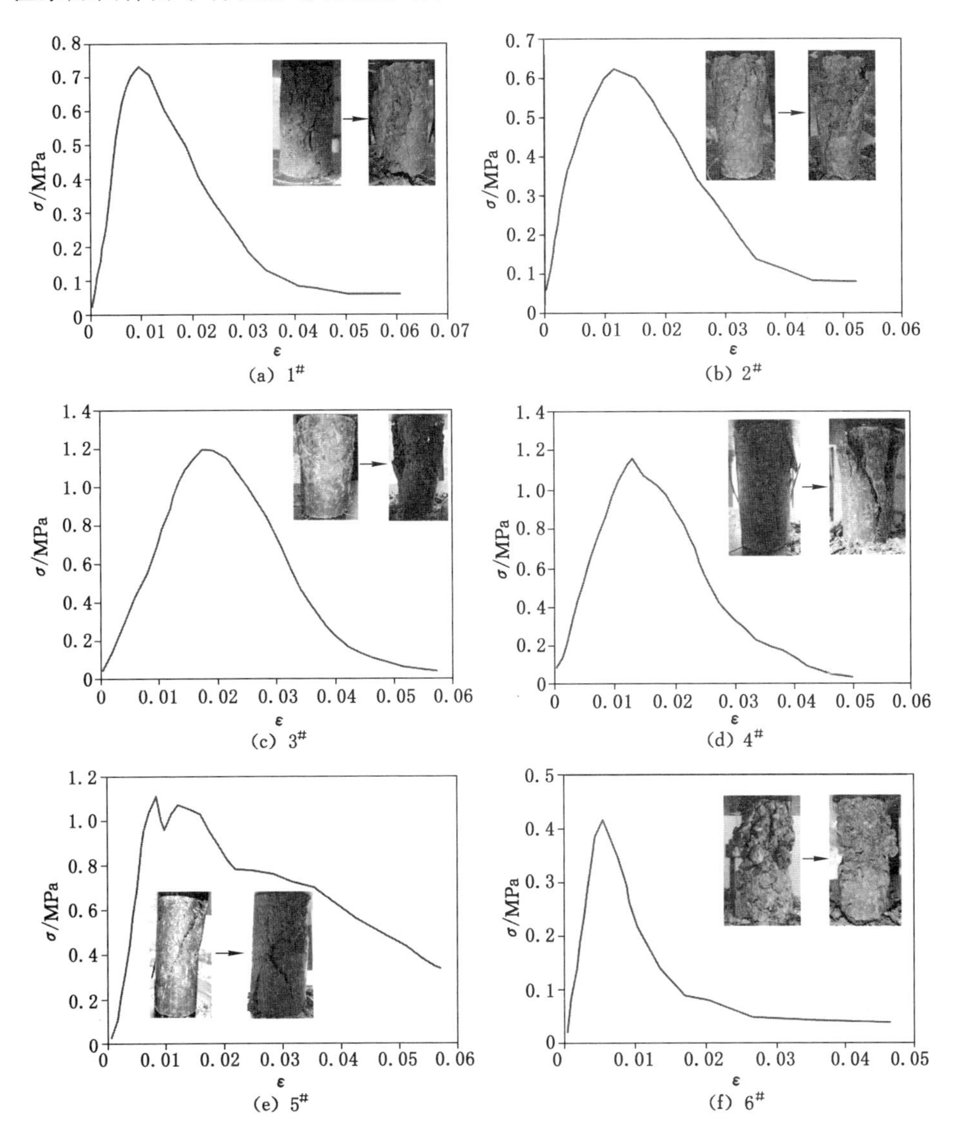

图 4-13 承压状态下破碎泥岩注浆加固体应力-应变关系曲线及破坏模式

表 4-2　承压状态下破碎泥岩注浆加固体力学参数

试样	水灰比	F/kN	粒径/mm	σ/MPa	E/MPa	ε
1#	2	8	5～10	0.731	86.361	0.009 6
2#	2	4	5～10	0.624	50.863	0.011 6
3#	1.2	8	5～10	1.196	72.326	0.017 4
4#	1.2	4	5～10	1.163	90.522	0.013 0
5#	1.2	4	2.5～5	1.110	155.342	0.008 5
6#	1.2	0	5～10	0.416	82.802	0.005 6
7#	1.2	8	5～10	0.992	48.472	0.022 7

由图 4-13 可知，不同条件下的注浆加固体在试验初期阶段均呈现非线性变形，这主要是由于加固体中存在少量孔隙(这些孔隙多是由于注浆过程中未被浆液填充)。初始非线性阶段后，试样变形进入弹性变形阶段，此时轴应力与轴应变为线性关系。随着试样进一步被压缩，应力-应变关系曲线开始偏离线性关系，出现屈服平台，说明试样变形进入弹塑性变形阶段，弹塑性变形阶段过后，曲线迅速到达峰值。值得注意的是，峰值后曲线没有急速下降，而是呈现缓慢下降趋势，说明注浆加固体具有较好的延性，有利于结构稳定。轴向应力作用下，破碎泥岩注浆加固体主要呈现两种破坏形式，即张拉破坏和剪切破坏，主裂隙主要沿加载方向扩展，形成贯穿裂隙；同时，试样表面出现碎片剥落，裂隙贯通将试样分割成多个承载体。

4.2.2　宏观-细观结构破坏特性

注浆加固体受力破坏是由于众多宏观裂隙发展贯穿引起的，而宏观裂隙来源于细观裂纹的扩展与贯通。选取各组注浆加固体试样受力破坏后代表性断面，运用扫描电镜对破坏后试样细观裂隙进行观察和分析，放大倍数分别取 40，150 和 3 000，扫描结果如图 4-14 所示。粒径 5～10 mm、浆液水灰比 1.2 条件下，随上覆岩层压力增加(4 kN 增加到 8 kN)，细观裂隙宽度并未有明显变化：较大裂隙宽度分别为 3.88 mm 和 3.93 mm，较小裂隙分别为 1.45 mm 和 1.27 mm[图 4-14(a)和(b)]。粒径 5～10 mm、上覆岩层压力 4 kN 时，浆液水灰比 1.2 和 2.0 条件下细观裂隙宽度分别为 3.88 mm 和 7.14 mm，后者比前者增加了 84.02%[图 4-14(a)和(c)]。同样上覆岩层压力(4 kN)和水灰比(1.2)条件下，粒径尺寸 2.5～5 mm 试样并未发现明显微裂隙，而粒径尺寸 5～10 mm 试样较大和较小裂隙宽度分别为 3.88 mm 和 1.45 mm[图 4-14(a)和(d)]。上覆岩层压力 8 kN、水灰比 1.2 和粒径 5～10 mm 条件下，浆液中不加 HPMC 所对应的注浆加固体细观裂隙宽度较加

HPMC 的大，分别为 3.93 mm 和 5.41 mm，大了 37.66%。上述细观裂隙尺寸对比说明了不同影响因素（水灰比、上覆岩层压力和粒径尺寸）对结构破坏细观特性有一定的影响，其中水灰比影响最大，其次为粒径，而上覆岩层压力的影响不甚明显。

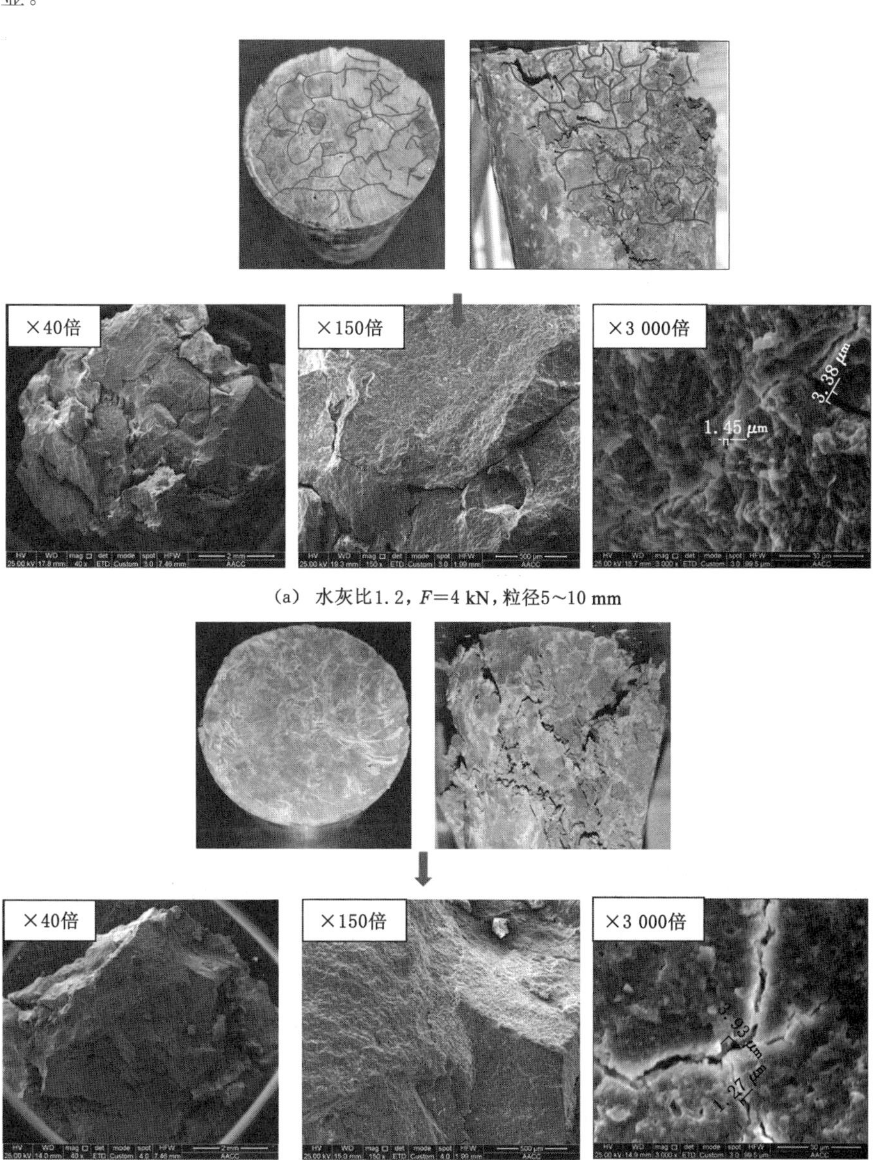

图 4-14 承压状态下破碎泥岩注浆加固体宏观-细观结构破坏特性

(c) 水灰比 2，F=8 kN，粒径5～10 mm

(d) 水灰比1.2，F=4 kN，粒径2.5～5 mm

图 4-14(续)

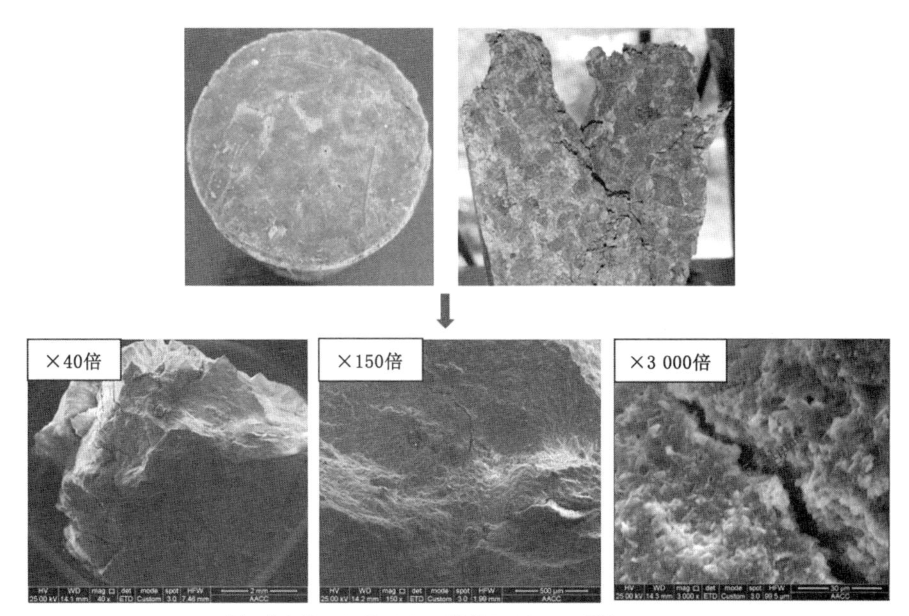

(e) 水灰比1.2，F=8 kN，粒径5～10 mm，不加HPMC

图 4-14(续)

由图 4-14 可以看出，注浆加固体宏观浆脉与破碎泥岩相互交叉，形成网络骨架，增强了破碎泥岩注浆加固体的力学性能。

4.3　本章小结

本章采用自行研制的承压状态下破碎泥岩注浆可视化试验装置研究了浆液水灰比、上覆岩层压力及粒径对破碎泥岩注浆加固体力学及宏观-细观破坏特性的影响，获得了不同影响因素条件下破碎泥岩注浆加固体力学及宏观-细观破坏特性规律，为泥岩巷道底板变形控制数值模型提供参数，主要结论如下：

(1) 轴向应力作用下，破碎泥岩注浆加固体破坏形式主要表现为张拉破坏和剪切破坏。

(2) 同样粒径(5～10 mm)和浆液水灰比(1.2，2.0)条件下，随上覆岩层压力增加(4 kN 增加到 8 kN)，泥岩加固体抗压强度增大；无承压条件下，加固体抗压强度明显小于上覆岩层压力 4 kN 和 8 kN 所对应的抗压强度，说明承压及环向约束条件下的破碎泥岩注浆加固体具有结构效应，且这种结构效应随上覆岩层压力的增加而增加。同样粒径(5～10 mm)和上覆岩层压力(8 kN)条件下，随浆液水灰比增加(1.2 变为 2.0)，泥岩加固体抗压强度减小，说明浆液水灰比对破碎泥岩注浆加固体力学性能有明显影响。同样上覆岩层压力(4 kN)和水灰比(1.2)条件下，随泥岩粒径增加(从 2.5～5 mm 到 5～10 mm)，泥岩加固体抗压强度增加，说明泥岩粒径对破碎泥岩注浆加固体力学性能亦有明显影响。

(3) 同样粒径(5～10 mm)和浆液水灰比(1.2)条件下，随上覆岩层压力增加(4 kN 增加到 8 kN)，细观裂隙宽度并未有明显变化。同样粒径(5～10 mm)和上覆岩层压力(4 kN)条件下，随浆液水灰比增加(1.2 变为 2.0)，细观裂隙宽度增加。同样上覆岩层压力(8 kN)、水灰比(1.2)和粒径(5～10 mm)条件下，浆液中不加 HPMC 所对应的注浆加固体细观裂隙较加 HPMC 的大。这些均说明了不同影响因素(浆液水灰比、上覆岩层压力和粒径)对结构细观破坏特性有一定的影响，其中水灰比影响最大，其次为粒径，而上覆岩层压力的影响不甚明显。

5 巷道底板破裂泥岩注浆浆液扩散机制及加固控制效应

5.1 工程概况

五间房煤田西一矿井位于内蒙古自治区西乌珠穆沁旗五间房煤田的西南部，地理坐标为：东经 116°41′03″～116°48′05″，西经 44°37′12″～44°45′51″。西一矿井田范围为一不规则的多边形，南北最长处 16.03 km，东西最宽处 9.98 km，面积 87.24 km^2。西一矿主采煤层形成于中生代晚白垩世时期，地层分布见表 5-1。

表 5-1 西一矿地层分布

界	系	统	群组	岩 相	代号	厚/m
新生界	第四系	全新统		沉积砂	Q_4^{al+l}、Q_4^{al+di}、Q_4^{eol}、Q_4^{h}、Q_4^{pr}	0～80
	第三系	上新统		松散碎屑泥质砂岩	N_2	>46
中生界	白垩系	下统	巴彦花组	灰色泥岩、泥质砂岩、粉砂岩	K_1b	>475
	侏罗系	上统	白音高老组	浅灰-紫色泥灰岩	J_3b	2 149
			玛尼吐组	浅灰-棕色砂岩	J_3mn	>930
		中下统	红旗组	浅灰-棕色长石砂岩	$J_{1\text{-}2}h$	1 350

煤层发育于内陆山间盆地或山间山谷的孤立断陷中，聚煤盆地面积小，煤层厚。地层为单斜构造，区域内构造发育，探测到高角度拉伸正断层至少 102 个。主要含煤地层位于白垩系下统巴彦花组，沼泽相沉积，共含 7 层煤，上部与新生代地层直接接触。受断层影响，煤层、顶板和底板之间呈不整合接触，局部出现煤岩互层。矿井煤层埋深 102.57～702.39 m，高程跨度大；煤层厚度 7.91～13.71 m，平均厚度 10.52 m；平均倾角 5.6°。煤层顶板岩性以泥岩、碳质泥岩、

砂质泥岩和粉砂岩为主，局部为砂岩；煤层底板分布泥岩、碳质泥岩和粉砂岩等，孔隙率低，渗透性差，可看作隔水层。煤层平均单轴抗压强度 8.7 MPa，泥岩强度与含水率有关，原岩单轴抗压强度 5.62～7.15 MPa。西一矿首采 3-3# 煤层 1302 工作面位于向斜一翼，并向深部延伸。

5.2 巷道底板泥岩裂隙-基质微孔注浆浆液扩散特性

由第 2 章泥岩孔隙特征试验结果可知，内蒙古五间房煤田西一矿 3-3 号煤层泥岩具有裂隙-孔隙（即泥岩基质微孔）分布特征。本节主要研究破裂泥岩巷道底板注浆过程中浆液在泥岩裂隙及其周围基质微孔内的渗透扩散特性。

离散裂隙介质模型认为岩体是由渗透率极低的岩块和渗透率极高的裂隙构成，裂隙-孔隙双重介质理论模型所描述的研究对象与裂隙岩体实际结构很相似，故而该模型是描述真实裂隙岩体渗流最准确的理论模型。实际注浆工程中，浆液在泥岩裂隙中流动，会有一部分浆液中的水分进入裂隙两侧泥岩基质的微小孔隙中。流体在岩体裂隙中的流速较快，而在裂隙周围的多孔（基质中微孔）介质岩体中的流速较慢，裂隙及其周围岩体之间存在着流体的传质，故而裂隙和多孔（微孔）岩体的界面上压强是连续的。现有针对浆液在岩体裂隙-孔隙（微孔）中的流动研究较少，本节基于内蒙古五间房煤田西一矿 3-3 号煤层底板泥岩裂隙孔隙特征，构建裂隙-孔隙注浆浆液流动数值计算模型，探讨巷道底板破裂泥岩注浆过程中浆液在泥岩裂隙-周围基质微孔渗透特征，为泥岩工程施工提供参考。

5.2.1 裂隙-微孔泥岩注浆浆液渗透扩散数值模型

取西一矿 3-3 号煤层底板 1.0 m×1.0 m×1.0 m 尺寸范围，基于修正后的裂隙-孔隙双重介质理论模型[裂隙中浆液流速控制方程遵循修正后的达西定律，通过修改方程系数，考虑相对较小的裂隙流动阻力，见式(5-5)]，构建含不同裂隙（单裂隙及交叉裂隙）的立方体泥岩基质微孔注浆数值模型，几何模型如图 5-1 和图 5-2 所示，模型计算时间为 1 000 s，稳态。

数值模型运用内部边界（0.1 mm）模拟裂隙，其优点是无需建立较高面积/厚度比的精细网格来模拟隙宽较小的裂隙体积，采用达西定律作为流速控制方程。裂隙周围是泥岩基质微孔，流体在裂隙中的渗透性远好于微孔泥岩基质，0.1 mm 的裂隙厚度也远小于基质尺度；除裂隙外，立方体的其他边界均为不透水边界；设置监测线 1、监测线 2，两者沿 z 轴距离为 0.2 m；浆液在岩体内从裂隙左侧流入、右侧流出（入口注浆压力设置为 p，出口处压力设置为 0）。为有效

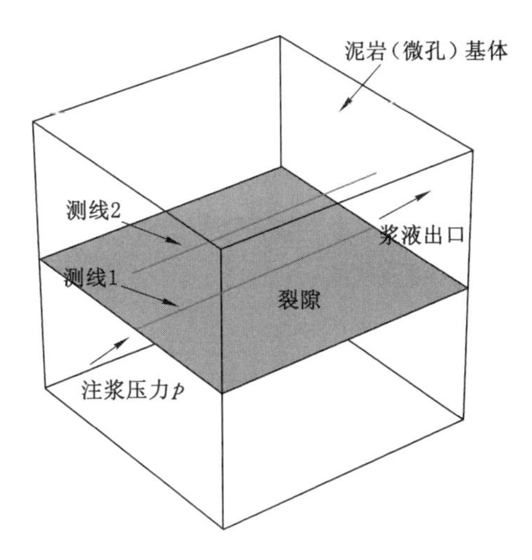

图 5-1 单裂隙-微孔泥岩注浆浆液扩散几何模型

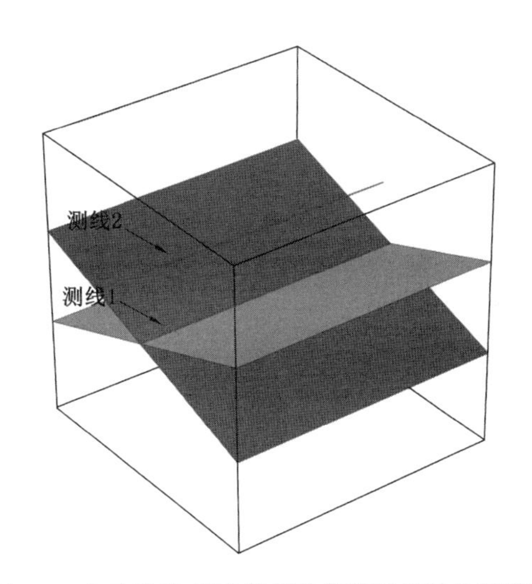

图 5-2 交叉裂隙-微孔泥岩注浆浆液扩散几何模型

模拟西一矿 3-3 号煤层底板注浆，模型泥岩基质微孔所需参数均来自第 2 章实际泥岩孔隙特性试验结果(见表 2-6)。

(1) 泥岩基质微孔流体流动

采用达西定律控制流体(主要是浆液中的水)流动：

$$\rho S\frac{\partial p}{\partial t}-\nabla\cdot\left(\rho\frac{\kappa}{\mu}\Delta p\right)=0 \tag{5-1}$$

线性化储存模型：

$$S = \chi_f \varepsilon + \chi_p (1 - \varepsilon) \tag{5-2}$$

式中 p——孔隙中流体压强；

ε——泥岩基质微孔隙的孔隙率；

χ_f,χ_p——分别为流体压缩率和基质有效压缩率；

κ——泥岩基质渗透率；

ρ——流体(浆液中的水)密度；

μ——动力黏度。

需要注意的是尽管图2-12一定程度上揭示了泥岩内部孔隙弱连通性，然而CT扫描中低于分辨率的连通孔隙是提取不到的，这无法真实反映实际泥岩的渗透性，因此本数值模型中的泥岩渗透率采用Kozeny-Carman渗透率模型进行求解：

$$\kappa = \frac{d_p^2}{180} \frac{\varepsilon_p^3}{(1 - \varepsilon)^2} \tag{5-3}$$

式中 d_p——泥岩粒子直径，由第2章泥岩微观孔隙结构SEM分析结果获得泥岩粒子平均直径(粒径)为5.56 mm。

正方体模型边界为零流量边界条件：

$$\boldsymbol{n} \cdot \boldsymbol{u} = \boldsymbol{0} \tag{5-4}$$

式中 $\boldsymbol{u}$——流速矢量；

$\boldsymbol{n}$——沿边界的外法线方向，该式表示不透水边界。

(2) 泥岩裂隙浆液流动

在该模型中，裂隙由内部边界表示(即裂隙流边界，厚度0.1 mm)，浆液沿此裂隙流边界流动。在裂隙中浆液流速控制方程遵循修正后的达西定律，通过修改方程系数，考虑相对较小的裂隙流动阻力：

$$\rho S_f d_f \frac{\partial p}{\partial t} - \nabla_T \cdot \left(\rho \frac{\kappa_f}{\mu} d_f \nabla_T p\right) = 0 \tag{5-5}$$

式中 S_f——裂隙储存系数；

κ_f——裂隙渗透率；

d_f——裂隙厚度。

分别取不同浆液水灰比(1.0、1.5)和入口注浆压力(0.6 MPa、1 MPa)为含裂隙-微孔泥岩注浆浆液扩散影响因素，浆液参数见表3-1。

5.2.1.1 浆液水灰比为1.0条件下不同注浆压力裂隙-微孔泥岩注浆

(1) 单裂隙泥岩注浆

图5-3和图5-4分别为泥岩单裂隙测线1浆液速度和泥岩基质微孔测线2流体速度，由图可以看出，随裂隙入口注浆压力的增大，测线1裂隙浆液平均流

速增大，即 0.6 MPa 时 10.71 m/s 和 1.0 MPa 时 17.86 m/s，增大了 66.76%；测线 2 基质微孔平均流速增大，即 0.6 MPa 时 1.42×10^{-6} m/s 和 1.0 MPa 时 2.36×10^{-6} m/s，增大了 66.20%。当入口注浆压力不变时，裂隙浆液平均流速曲线呈弱“V”形，即在裂隙入口和出口处速度较大，裂隙中间部位速度较小；基质微孔平均流速呈倒“V”形，中部速度较两头大。值得注意的是裂隙浆液流速比泥岩基质微孔流速大 6 个数量级，一方面说明含裂隙-微孔泥岩注浆浆液主要在裂隙中流动，而进入基质微孔里的来自浆液中水的流速极小；另一方面基质微孔流速极小也说明泥岩基质微孔渗透性较差，这与第 2 章泥岩孔隙 CT 扫描所得的泥岩孔隙连通性较差的结论是一致的。

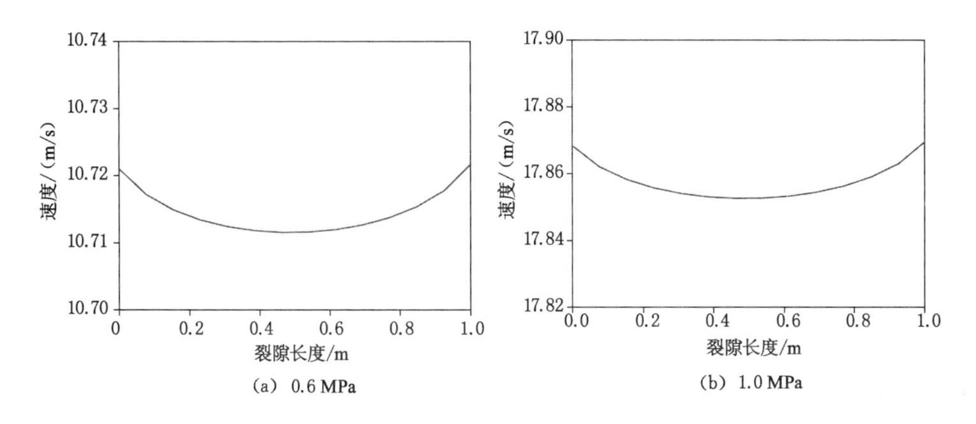

图 5-3 泥岩单裂隙测线 1 浆液速度(5 000 ms)

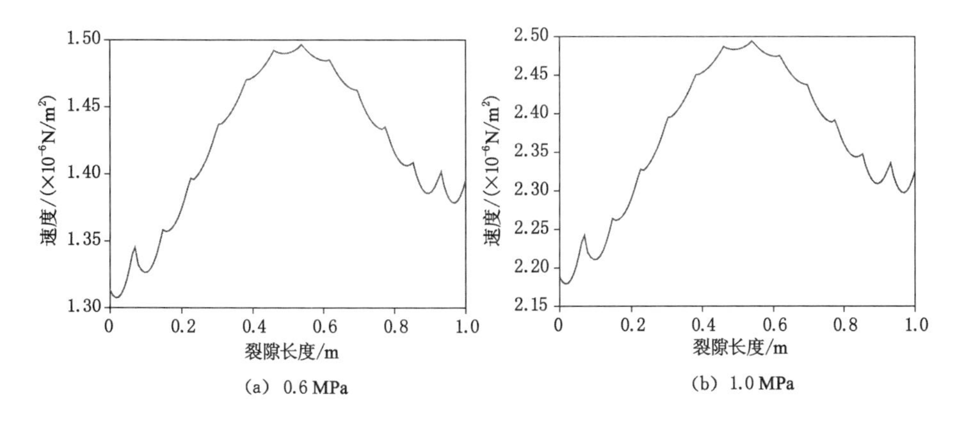

图 5-4 泥岩基质微孔测线 2 流体速度(5 000 ms)

图 5-5(a)～(d)所示为流体压强等值面，由图可以看出，在两块泥岩之间穿过裂隙的压强是连续的，且随着裂隙入口注浆压力的增大，整个泥岩模型上最大流体压强增大，即 0.6 MPa 时 567 kPa 和 1.0 MPa 时 944 kPa，增大了 66.49%。然而，等值面的弯曲表明了裂隙和泥岩基质微孔流场的不同。箭头表现了裂缝上的流速特征，由于流体没有流出岩体，唯一的流动空间就是裂隙，由图 5-5(d)中基质微孔速度箭头走向可知，泥岩基质微孔中的流动可以补充到裂缝出口。图 5-5(e)和(f)所示分别为 0.6 MPa 和 1.0 MPa 注浆压力的浆液流速，图 5-5(g)和(h)所示分别为 0.6 MPa 和 1.0 MPa 注浆压力的基质微孔流速。对于基质微孔流速，最大速度出现在裂隙附近，距离裂隙越远，速度越小。

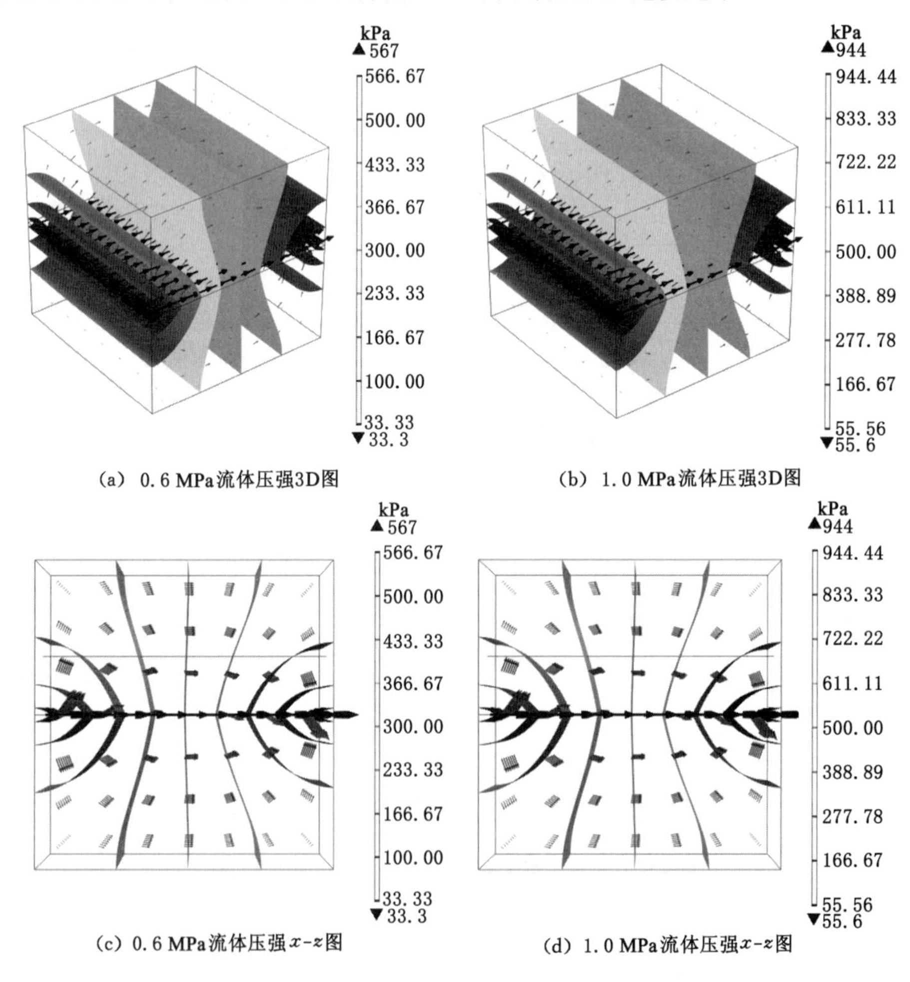

(a) 0.6 MPa流体压强3D图

(b) 1.0 MPa流体压强3D图

(c) 0.6 MPa流体压强x-z图

(d) 1.0 MPa流体压强x-z图

图 5-5 单裂隙-微孔泥岩注浆流体压强及速度分布特征

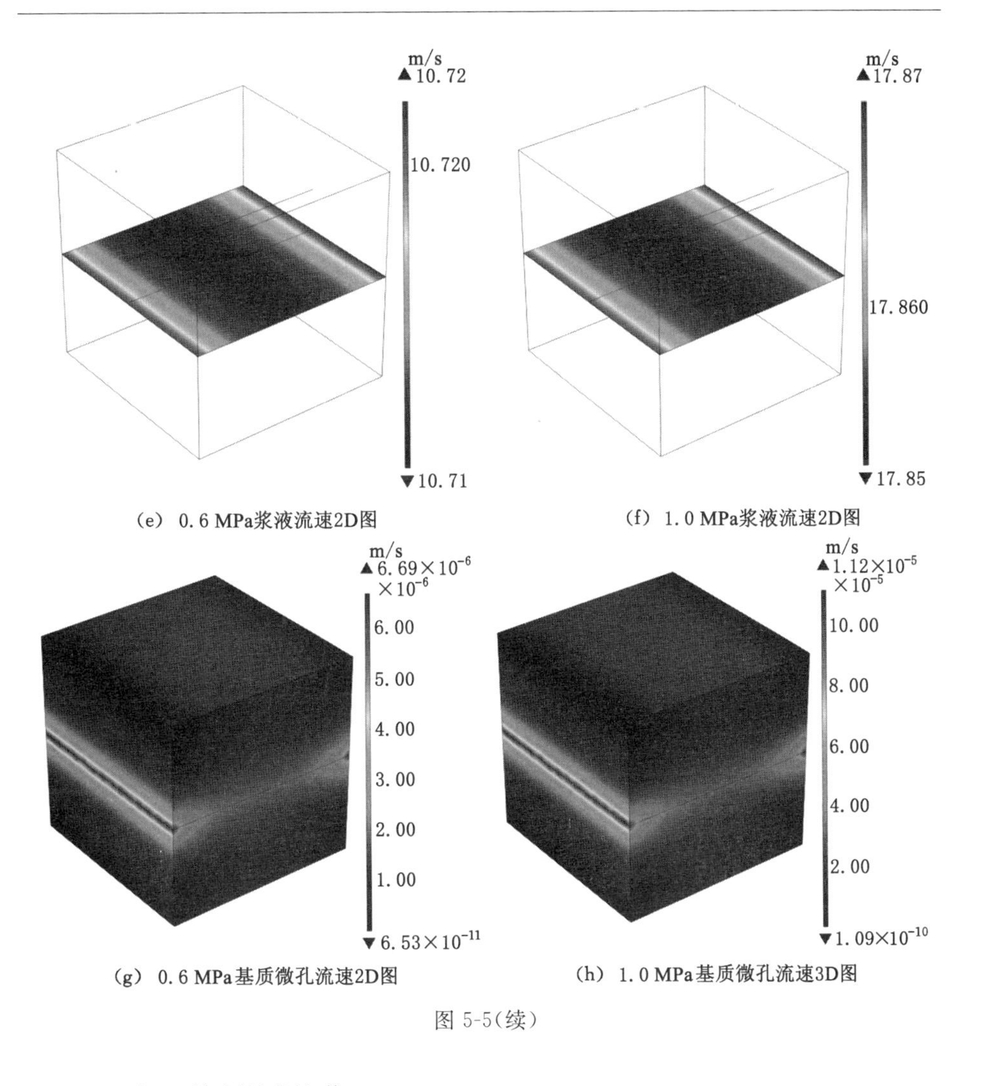

(e) 0.6 MPa浆液流速2D图

(f) 1.0 MPa浆液流速2D图

(g) 0.6 MPa基质微孔流速2D图

(h) 1.0 MPa基质微孔流速3D图

图 5-5(续)

(2) 交叉裂隙泥岩注浆

图 5-6 和图 5-7 所示分别为泥岩交叉裂隙测线 1 浆液速度和泥岩基质微孔测线 2 流体速度，由图可以看出，随裂隙入口注浆压力的增大，测线 1 裂隙浆液平均流速增大，即 0.6 MPa 时 10.71 m/s 和 1.0 MPa 时 17.86 m/s，增大了 66.76%；测线 2 基质微孔平均流速增大，即 0.6 MPa 时 1.54×10^{-6} m/s 和 1.0 MPa 时 2.56×10^{-6} m/s，增大了 66.23%。裂隙浆液流速比泥岩基质微孔流速大 6 个数量级。泥岩流体压力、裂隙和基质微孔流速值表明，相同水灰比及注浆压力条件下，交叉裂隙及其基质微孔流速值与单裂隙及其基质微孔流速值几乎一致，说明交叉裂隙没有改变裂隙-微孔泥岩注浆浆液流速分布特征。

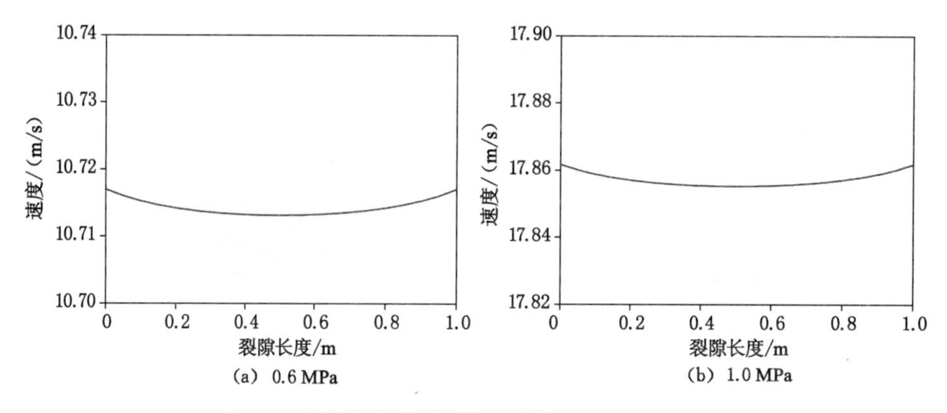

图 5-6 泥岩交叉裂隙测线 1 浆液速度(5 000 ms)

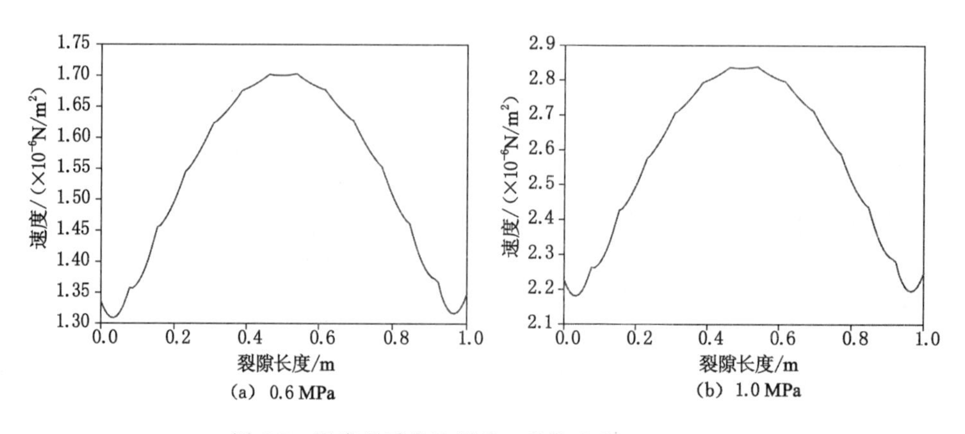

图 5-7 泥岩基质微孔测线 2 流体速度(5 000 ms)

图 5-8(a)~(d)所示为流体压强等值面,由图可以看出,随着裂隙入口注浆压力的增大,整个泥岩模型上最大流体压强增大,即 0.6 MPa 时 567 kPa 和 1.0 MPa 时 944 kPa,增大了 66.49%。图 5-8(e)和(f)所示分别为 0.6 MPa 和 1.0 MPa 注浆压力的浆液流速,图 5-8(g)和(h)所示分别为 0.6 MPa 和 1.0 MPa 注浆压力的基质微孔流速。对于基质微孔流速,最大速度出现在裂隙附近,距离裂隙越远,速度越小。

5.2.1.2 浆液水灰比为 1.5 条件下不同注浆压力裂隙-微孔泥岩注浆

(1) 单裂隙泥岩注浆

图 5-9 和图 5-10 所示分别为泥岩单裂隙测线 1 浆液速度和泥岩基质微孔测线 2 流体速度,由图可见,随裂隙入口注浆压力的增大,测线 1 裂隙浆液平均流速增大,即 0.6 MPa 时 27.27 m/s 和 1.0 MPa 时 45.45 m/s,增大了 66.67%;测线 2

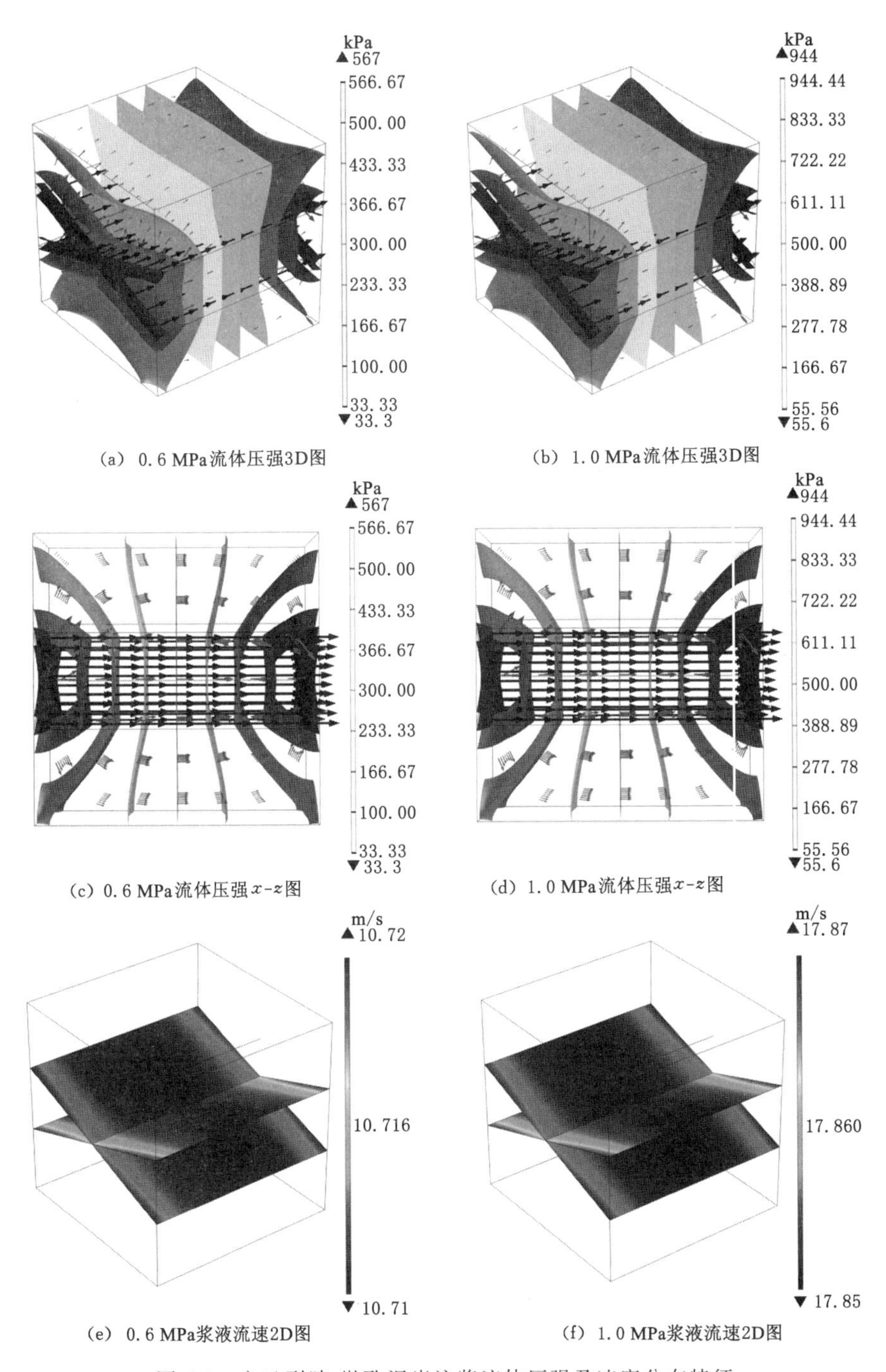

(a) 0.6 MPa流体压强3D图

(b) 1.0 MPa流体压强3D图

(c) 0.6 MPa流体压强x-z图

(d) 1.0 MPa流体压强x-z图

(e) 0.6 MPa浆液流速2D图

(f) 1.0 MPa浆液流速2D图

图 5-8 交叉裂隙-微孔泥岩注浆流体压强及速度分布特征

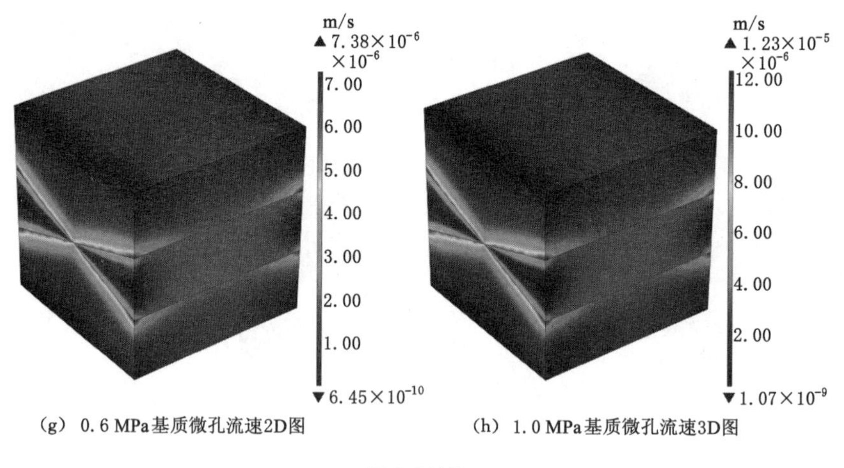

(g) 0.6 MPa基质微孔流速2D图　　(h) 1.0 MPa基质微孔流速3D图

图 5-8(续)

基质微孔平均流速增大，即 0.6 MPa 时 1.42×10^{-6} m/s 和 1.0 MPa 时 2.36×10^{-6} m/s，增大了 66.20%。裂隙浆液流速比泥岩基质微孔流速大 6 个数量级。

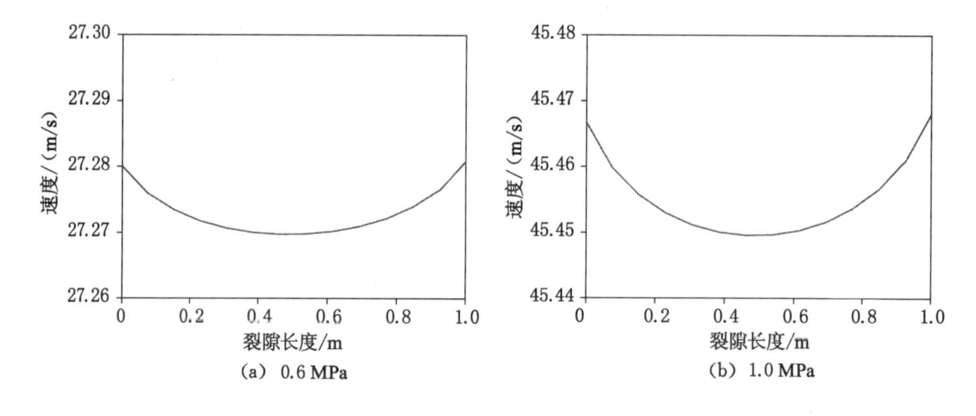

(a) 0.6 MPa　　(b) 1.0 MPa

图 5-9　泥岩单裂隙测线 1 浆液速度(5 000 ms)

图 5-11(a)～(d)所示为流体压强等值面，由图可以看出，在两块泥岩之间穿过裂隙的压强是连续的，且随着裂隙入口注浆压力的增大，整个泥岩模型上最大流体压强增大，即 0.6 MPa 时 567 kPa 和 1.0 MPa 时 944 kPa，增大了 66.49%。图 5-11(e)和(f)所示分别为 0.6 MPa 和 1.0 MPa 注浆压力下的浆液流速，图 5-11(g)和(h)所示分别为 0.6 MPa 和 1.0 MPa 注浆压力下的基质微孔流速。对于基质微孔流速，最大速度出现在裂隙附近，距离裂隙越远，速度越小。

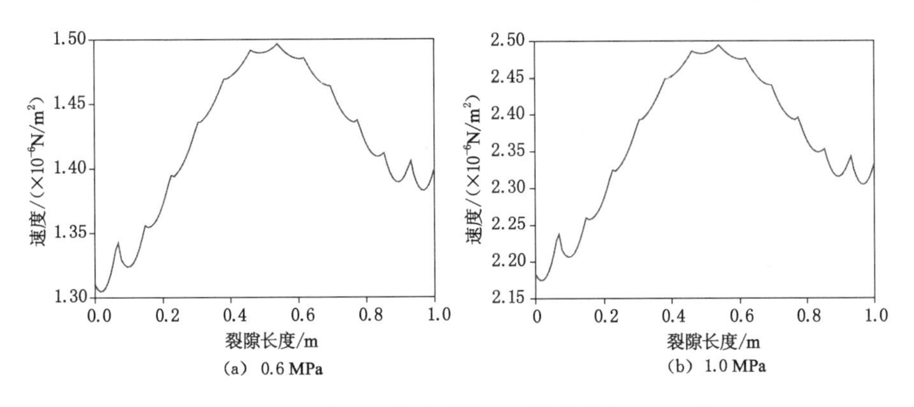

(a) 0.6 MPa　　(b) 1.0 MPa

图 5-10　泥岩基质微孔测线 2 流体速度(5 000 ms)

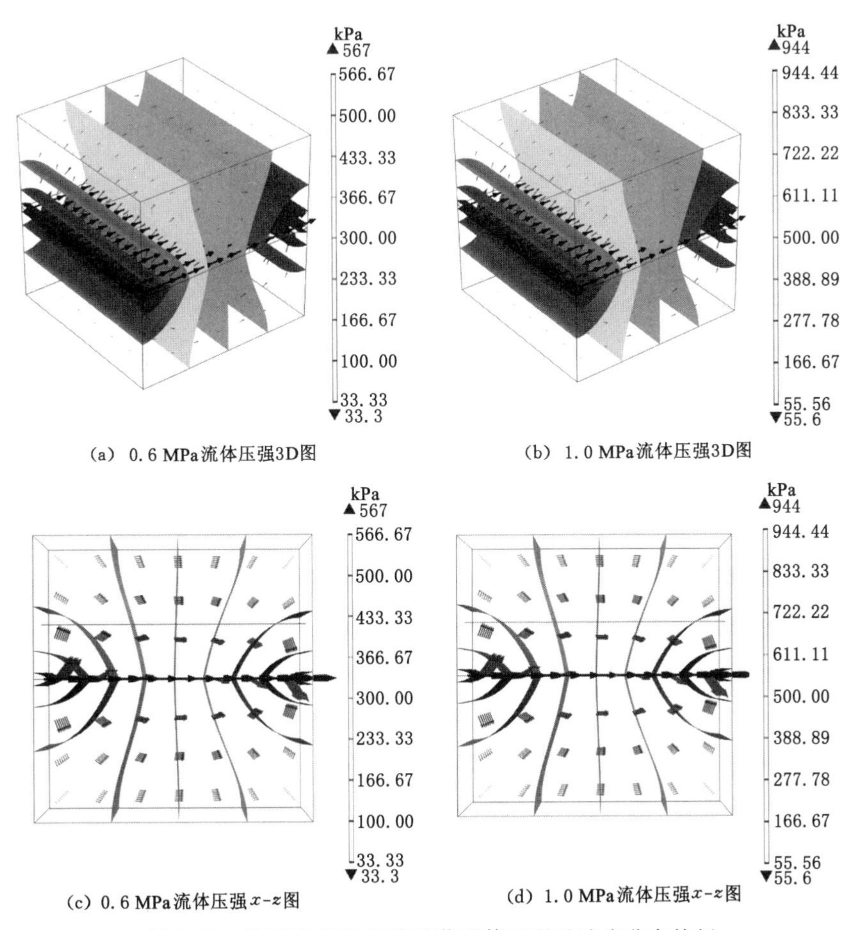

(a) 0.6 MPa流体压强3D图　　(b) 1.0 MPa流体压强3D图

(c) 0.6 MPa流体压强x-z图　　(d) 1.0 MPa流体压强x-z图

图 5-11　单裂隙-微孔泥岩注浆流体压强及速度分布特征

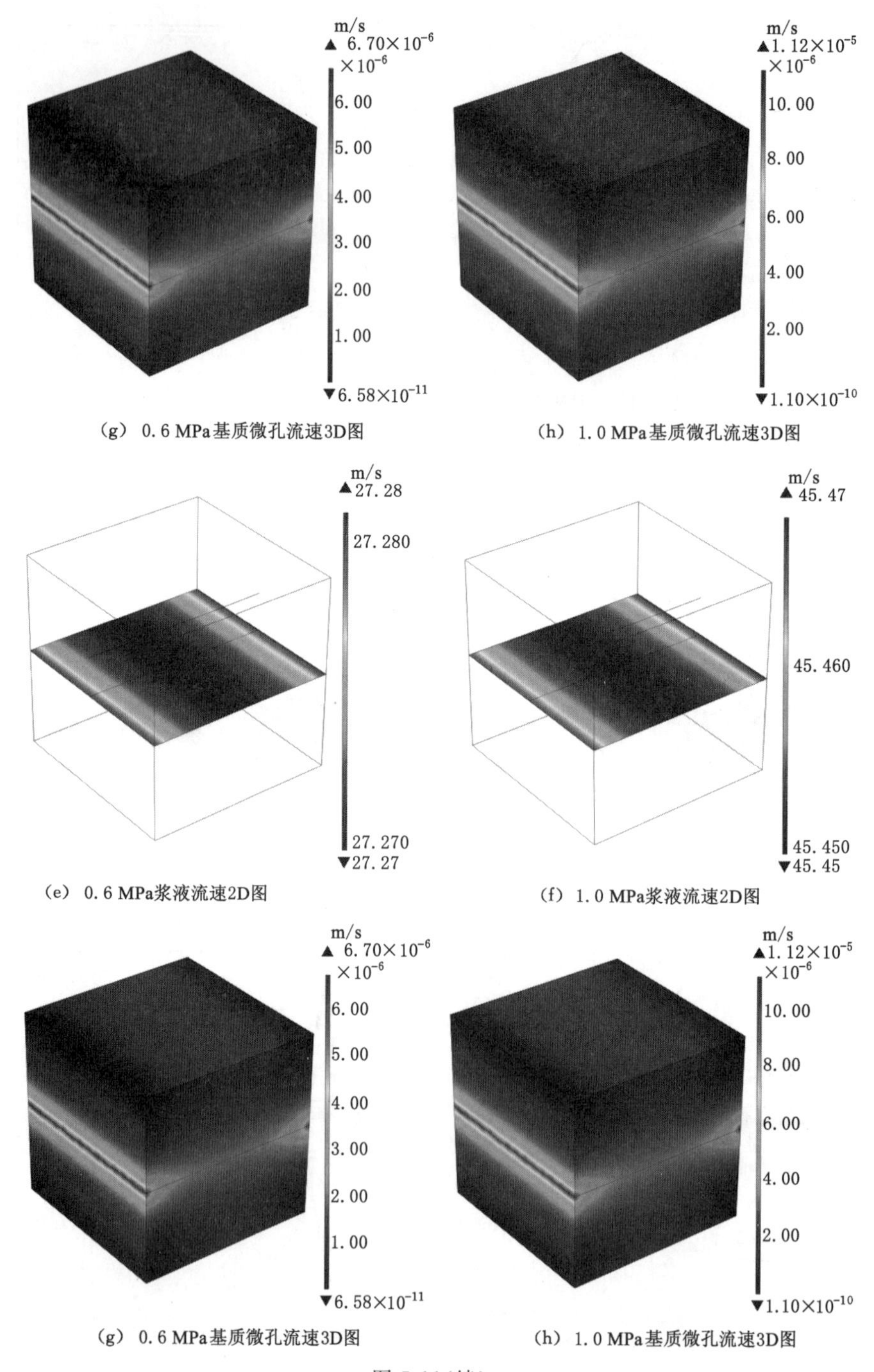

（g） 0.6 MPa基质微孔流速3D图

（h） 1.0 MPa基质微孔流速3D图

（e） 0.6 MPa浆液流速2D图

（f） 1.0 MPa浆液流速2D图

（g） 0.6 MPa基质微孔流速3D图

（h） 1.0 MPa基质微孔流速3D图

图 5-11(续)

(2) 交叉裂隙泥岩注浆

图 5-12 和图 5-13 所示分别为泥岩交叉裂隙测线 1 浆液速度和泥岩基质微孔测线 2 流体速度，由图可见，随裂隙入口注浆压力的增大，测线 1 裂隙浆液平均流速增大，即 0.6 MPa 时 27.27 m/s 和 1.0 MPa 时 45.45 m/s，增大了 66.67%；测线 2 基质微孔平均流速增大，即 0.6 MPa 时 1.56×10^{-6} m/s 和 1.0 MPa 时 2.56×10^{-6} m/s，增大了 64.10%。裂隙浆液流速比泥岩基质微孔流速大 6 个数量级。泥岩流体压力、裂隙和基质微孔流速值表明，相同水灰比及注浆压力条件下，交叉裂隙及其基质微孔流速值与单裂隙及其基质微孔流速值几乎一致，说明交叉裂隙没有改变裂隙-微孔泥岩注浆浆液扩散速度分布特征。

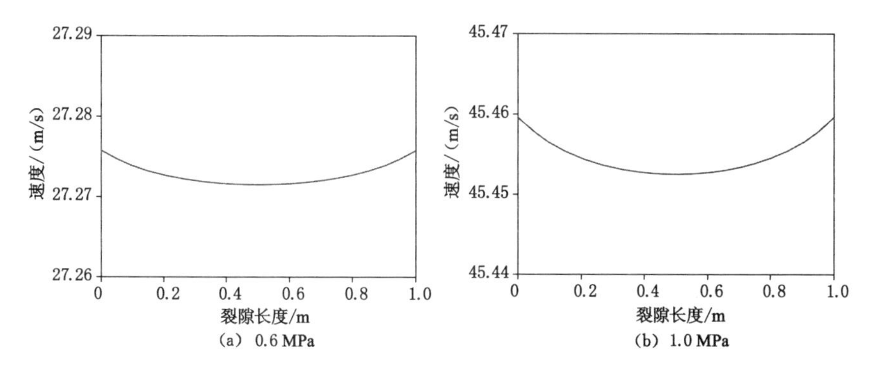

图 5-12 泥岩交叉裂隙测线 1 浆液速度(5 000 ms)

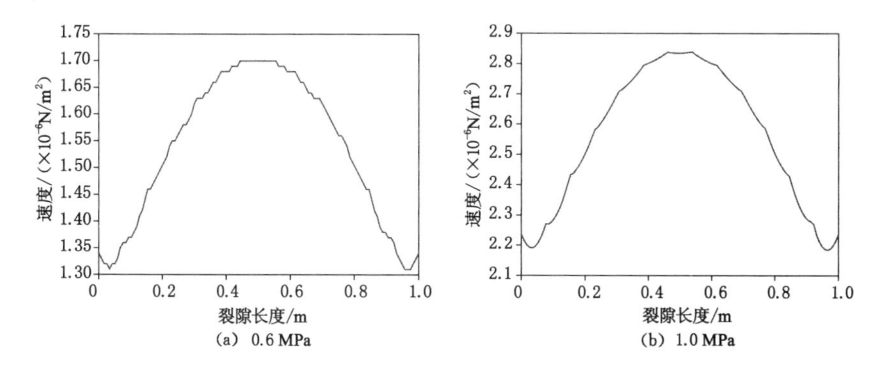

图 5-13 泥岩基质微孔测线 2 流体速度(5 000 ms)

图 5-14(a)～(d)所示为流体压强等值面，由图可以看出，随着裂隙入口注浆压力的增大，整个泥岩模型上流体压强增大，即 0.6 MPa 时 567 kPa 和 1.0 MPa 时 944 kPa，增大了 66.49%。图 5-14(e)和(f)所示分别为 0.6 MPa 和 1.0 MPa 注浆压力的浆液流速，图 5-14(g)和(h)所示分别为 0.6 MPa 和 1.0 MPa 注浆压

力的基质微孔流速。对于基质微孔流速，最大速度出现在裂隙附近，距离裂隙越远，速度越小。

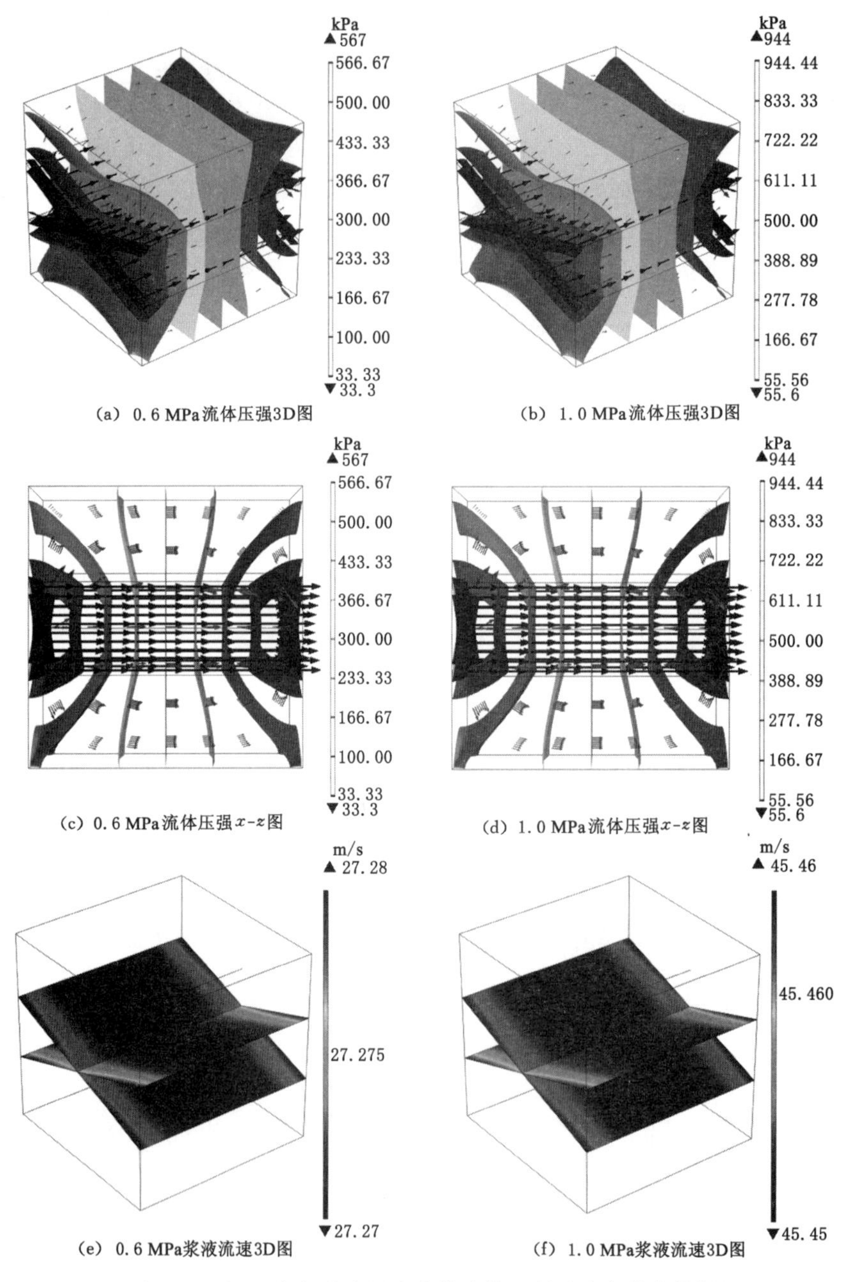

(a) 0.6 MPa流体压强3D图　(b) 1.0 MPa流体压强3D图

(c) 0.6 MPa流体压强x-z图　(d) 1.0 MPa流体压强x-z图

(e) 0.6 MPa浆液流速3D图　(f) 1.0 MPa浆液流速3D图

图 5-14　交叉裂隙-微孔泥岩注浆流体压强及速度分布特征

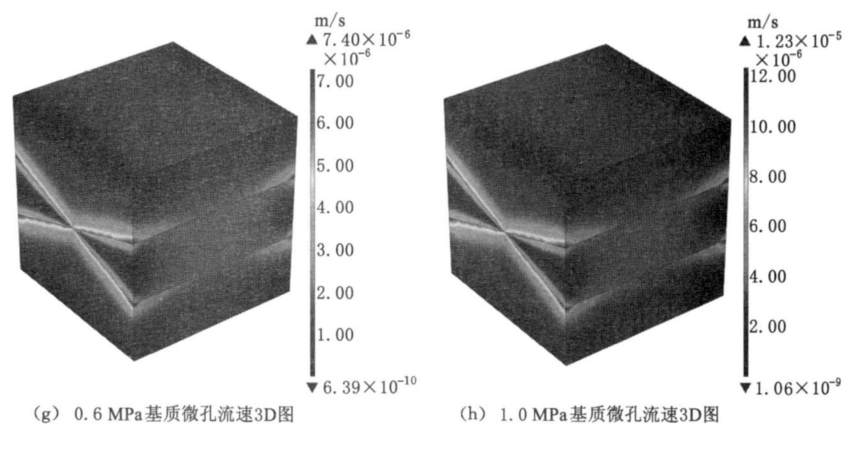

(g) 0.6 MPa基质微孔流速3D图　　(h) 1.0 MPa基质微孔流速3D图

图 5-14(续)

5.2.2 不同影响因素条件下裂隙-微孔泥岩注浆流体最大压强及平均流速

由数值分析计算结果可知,不同浆液水灰比(1.0 和 1.5)及裂隙分布(单裂隙和交叉裂隙)条件下,0.6 MPa 入口注浆压力时泥岩基质微孔最大流体压强均为 567 kPa,1.0 MPa 入口注浆压力时泥岩基质微孔最大流体压强均为 944 kPa。这是因为仅浆液中的水分进入泥岩(泥岩基质微孔尺寸过小,浆液颗粒无法进入泥岩),而水的密度和浓度均为固定值,故而泥岩基质微孔中流体压强仅与裂隙入口注浆压力有关。同样浆液水灰比时,0.6 MPa 和 1.0 MPa 入口注浆压力所对应的不同裂隙分布(单裂隙及交叉裂隙)的裂隙浆液平均流速及基质微孔平均流速均大致相同(例如,单裂隙 0.6 MPa 的裂隙浆液平均流速为 10.71 m/s,1.0 MPa 时为 17.86 m/s;0.6 MPa 基质微孔平均流速为 1.42×10^{-6} m/s,1.0 MPa 时为 2.36×10^{-6} m/s。交叉裂隙 0.6 MPa 的裂隙浆液平均流速为 10.71 m/s,1.0 MPa 时为 17.86 m/s;0.6 MPa 基质微孔平均流速为 1.54×10^{-6} m/s,1.0 MPa 时为 2.56×10^{-6} m/s),即裂隙分布对裂隙-微孔泥岩流体最大压强及平均流速分布影响较小。不同浆液水灰比条件下,水灰比越大,裂隙浆液平均流速越大,这与第 3 章承压状态下粗糙裂隙浆液流动试验关于水灰比对浆液流速的影响的结论在趋势上是一致的;泥岩基质微孔平均流速大致不变,这是因为仅浆液中的水分进入泥岩,故不受浆液水灰比的影响。

5.3 巷道底板破碎泥岩注浆加固及稳定控制

5.3.1 首采 1302 工作面泥岩巷道变形特征

5.3.1.1 泥岩巷道底鼓

底鼓可分为挤压流动型、挠曲褶皱型、剪切错动型和遇水膨胀型四种类型。底板岩性、围岩应力、水理作用是影响巷道底鼓的主要因素，对于泥质弱胶结岩体，其初期强度高，结构性较强，水平应力作用(原岩应力及工程扰动)下容易发生挠曲褶皱破坏、泥岩巷道围岩渗流场改变、渗透率增加(弱胶结泥岩初始渗透率低，孔隙压力较高)，导致未破坏区岩层水向破坏区迁移。随着水分迁移，底板岩体产生水岩相互作用，结构性降低。挠曲承载结构失稳后，底鼓类型转变为遇水膨胀型和挤压流动型，岩体内泥质矿物浸水后发生崩解，导致微裂纹开裂，水岩相互作用加剧，裂隙水向裂隙两侧基质渗透，泥岩基质遇水崩解成更小块体，导致泥岩破碎区范围增大。因此，巷道底鼓控制关键是对底板破碎区的加固。1302 工作面巷道底板如图 5-15 所示，可采用地质雷达测试对泥岩底板破碎区进行探测分析。

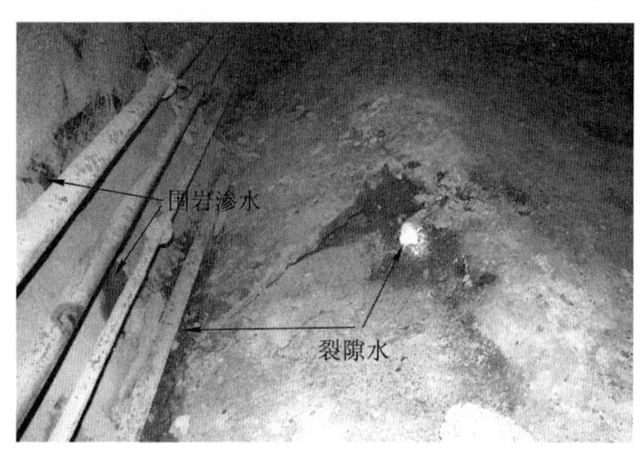

图 5-15　泥岩巷道底鼓

5.3.1.2 运输顺槽变形特征与地质雷达测试

为分析 1302 工作面巷道底板变形特征，需对当前工作面巷道围岩及其支护结构的损伤情况进行统计分析，为制订巷道修复与加固技术方案提供参考依据。因为 1302 工作面巷道服务时间较长(2012 年 12 月 28 日形成)，原有压力、变形传感器等监测设备早已失效，另外，采用常规锚杆拉拔、表面揭露和钻孔取芯等测试手段易对围岩原有承载结构造成二次破坏，极可能诱发事故，故而选择无损检测技术“地质雷达”对巷道围岩进行检测，以得到巷道围岩的破坏特征及破碎区范围，为巷道围岩变形破坏机理研究、支护方案及支护参数的选取提供参考。地质雷达图谱包含岩层介质信息，根据回波信号的振幅、波形和频率等可推断岩层空洞、富水区和破碎区。雷达采样方式为轮测法，探测深度为 8.0 m，测线布置如图 5-16 所示。

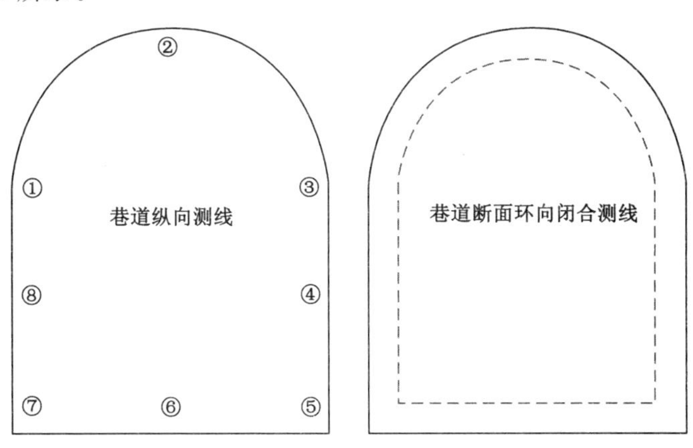

图 5-16　地质雷达测线布置

以运输顺槽底板雷达探测图像为例（见图 5-17，其中横坐标为测线长度、纵坐标为探测深度），由图可见：1730 测段巷道底板雷达信号在围岩 2～6 m、深度 1.5～2.5 m 范围内波形波动较大，说明岩石节理较发育（破碎），围岩 4.5～5.5 m、深度 0.5～1.3 m 范围内出现一个较明显空洞；1770 测段巷道底板雷达信号围岩 0～5 m、深度 0～2 m 范围出现能量分布混乱，此区域内岩体极其破碎；1800 测段巷道底板雷达信号在深度 0～2.5 m 范围出现能量分布混乱，此区域内岩体极其破碎，具体来说，围岩 0～7.5 m、深度 0～1.0 m 范围波形同相轴相断，岩石较破碎，围岩 3～7 m、深度 2～2.5 m 为节理裂隙发育区；1850 测段巷道底板雷达信号表层反射波能量紊乱，深度 1.8 m 范围内岩石破碎严重。

基于运输顺槽雷达探测图像可得不同区段底板破碎区范围，如图 5-18(a) 所示。

由图 5-18(a)可知，运输顺槽底板破碎区深度介于 0～3.0 m，底板破碎是造成底鼓严重的主要原因之一。由钻取岩芯[图 5-18(b)]可以看出，0～3.0 m 范围内的围岩较破碎，随着钻进深度增加，岩芯完整性提高（最大取芯率可达 90%），围岩不稳定等级属于大松动圈。

5.3.2　巷道底板破裂泥岩注浆加固稳定控制

根据内蒙古五间房煤田西一矿泥岩实际勘探报告[143]，泥岩埋深约 300 m，第

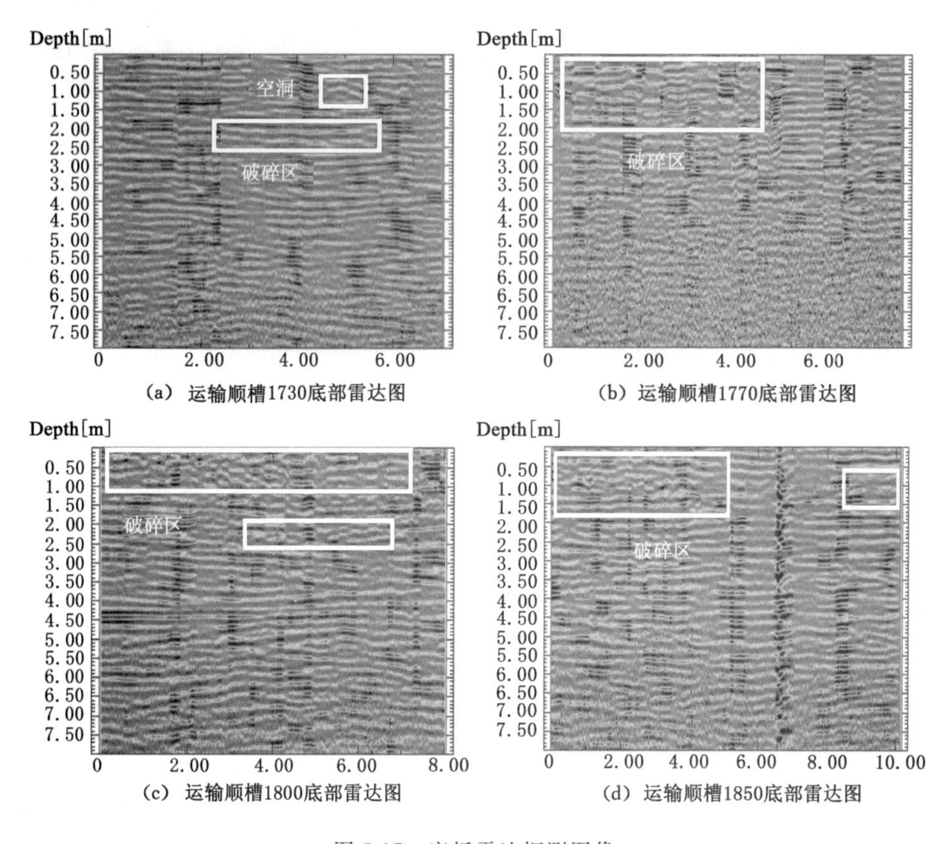

图 5-17 底板雷达探测图像

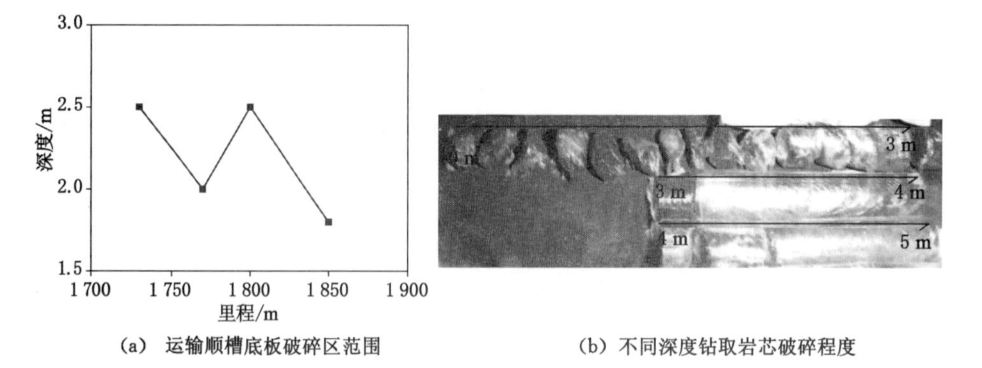

图 5-18 巷道底板泥岩破碎区

2 章测定的泥岩密度为 2 560 kg/m^3，得上覆岩层压力约为 7.53 MPa，考虑开挖后的巷道围岩应力降低区(相比原岩应力下降 40%～70%)，结合第 4 章承压状态下破碎泥岩注浆加固体力学试验，将上覆岩层压力设置为 4 MPa(对应 8 kN)。勘探报告给出了 1302 运输顺槽地层力学参数，见表 5-2(表中泥岩参数指原岩参数)。图 5-19 为 1302 运输顺槽地层分布尺寸，基于 1302 运输顺槽地层力学参数及尺寸构建巷道围岩变形控制数值分析模型，并进行网格划分，如图 5-20 所示。

表 5-2　1302 运输顺槽地层力学参数

参数	泥岩	砂岩	煤层
弹性模量/GPa	1.6	3.2	0.8
泊松比	0.26	0.22	0.31
抗压强度/MPa	6.5	23.9	5.4
抗拉强度/MPa	0.66	1.52	0.55
内摩擦角/(°)	27.6	36.5	21.4
黏聚力/MPa	1.35	2.79	1
密度/(kg/m^3)	2 468	2 614	1 460

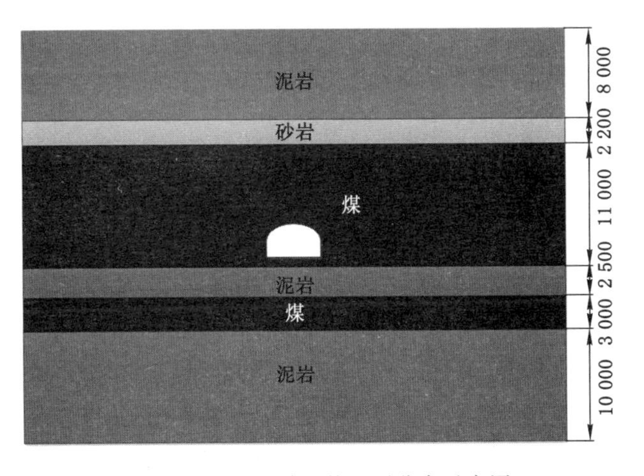

图 5-19　1302 运输顺槽地层分布示意图

结合底板雷达探测图像可知，由于受到外部荷载、复杂环境及时间作用，泥岩底板含大量破碎区，这对泥岩巷道底板稳定十分不利。根据第 4 章承压状态下破碎泥岩注浆加固体力学特性试验的结果，选取水灰比 1.2、F＝8 kN、粒径尺寸 5～10 mm 试验组对应的破碎泥岩注浆加固体力学特性参数为数值分析参

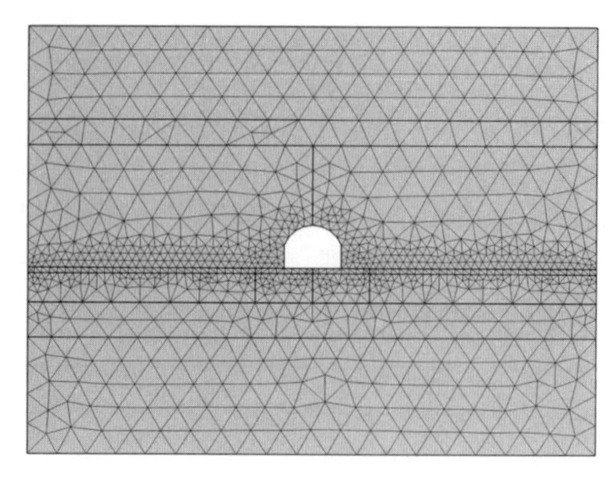

图 5-20 数值分析模型网格划分

数(见表 4-2),并与注浆前破碎泥岩底板力学特性进行对比,从而获得注浆加固后破碎泥岩巷道底板变形特性,揭示了巷道底板破碎泥岩注浆加固机理。

图 5-21 和图 5-22 分别为注浆前后巷道变形特征。由图 5-21(b)可见,注浆前巷道底板呈现较为明显的底鼓现象,经注浆加固后,底鼓现象明显改善,如图 5-22(b)所示。图 5-23 和图 5-24 分别为注浆前后巷道底板变形特征,由图可见,注浆后底板变形(位移、应力)均较注浆前有明显减小:注浆后底板竖向位移和底板横向位移分别较注浆前减小了 84.70%、90.56%,而底板应力增加了 3.68%(见表 5-3)。

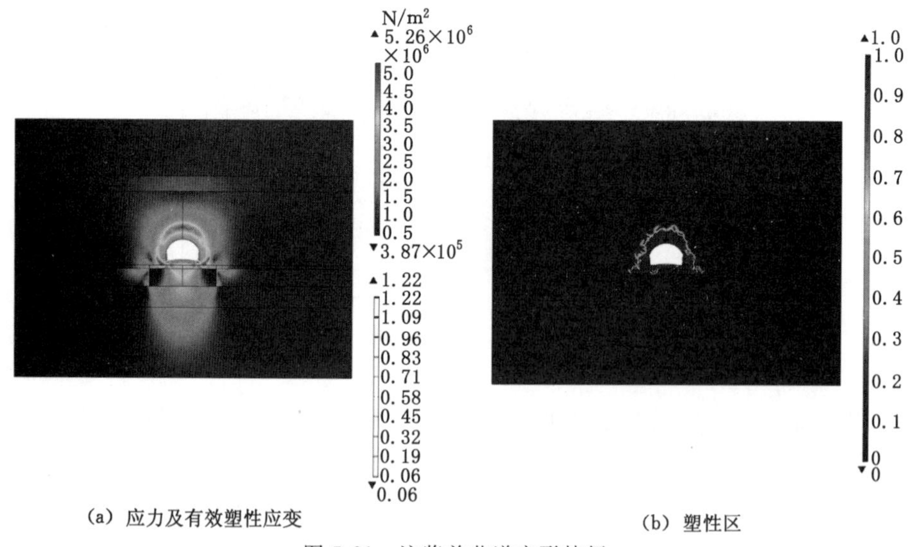

(a) 应力及有效塑性应变　　(b) 塑性区

图 5-21 注浆前巷道变形特征

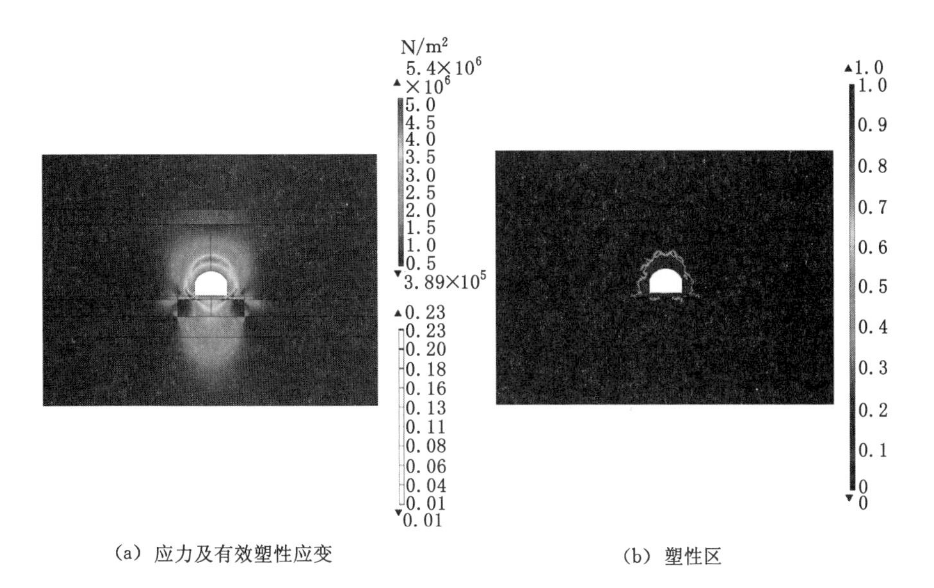

(a) 应力及有效塑性应变　　(b) 塑性区

图 5-22　注浆后巷道变形特征

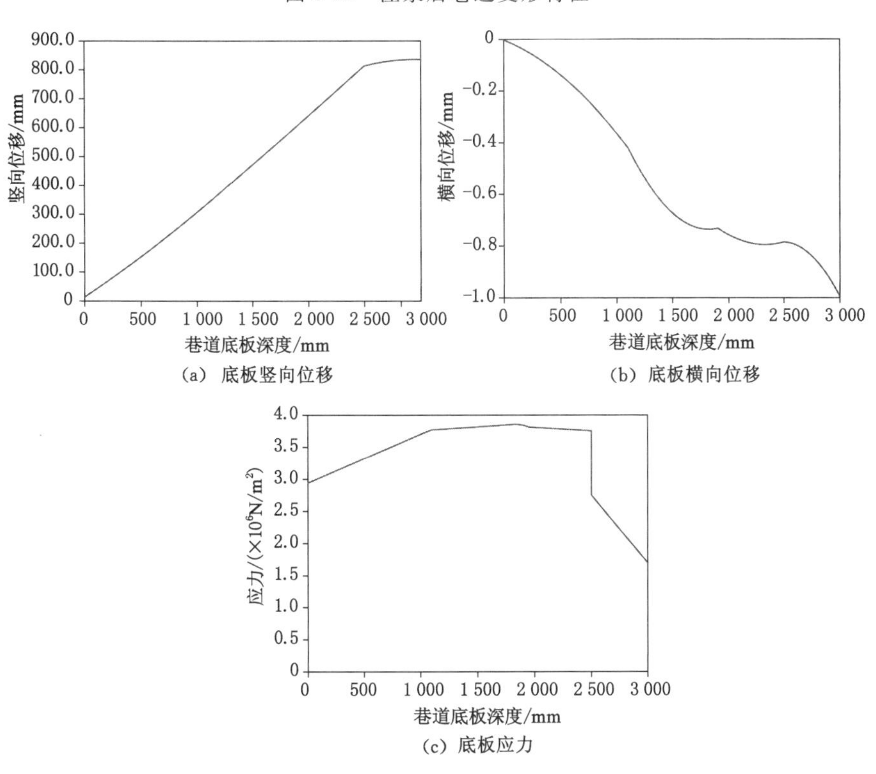

(a) 底板竖向位移　　(b) 底板横向位移

(c) 底板应力

图 5-23　注浆前巷道底板变形特征

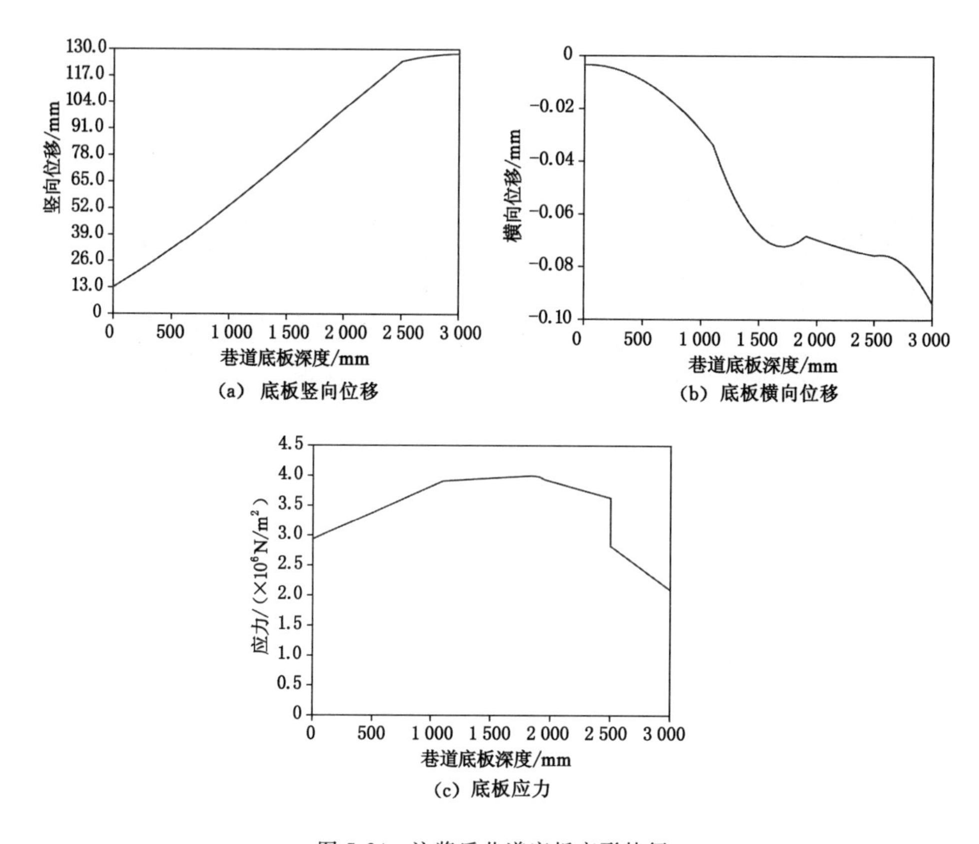

(a) 底板竖向位移

(b) 底板横向位移

(c) 底板应力

图 5-24　注浆后巷道底板变形特征

表 5-3　注浆前后巷道底板变形特征

注浆前后	底板竖向位移/mm	底板横向位移/mm	底板应力/MPa
注浆前	835.033	−0.996	3.857
注浆后	127.799	−0.094	3.999

5.4　本章小结

基于五间房煤田西一矿首采 1302 工作面底板泥岩裂隙-基质微孔结构特征，构建裂隙-微孔注浆数值模型模拟了巷道底板泥岩注浆浆液渗透过程，获得了浆液在泥岩裂隙-基质微孔中的渗透规律：不同浆液水灰比（1.0 和 1.5）及裂隙分布（单裂隙和交叉裂隙）条件下，同一注浆压力泥岩最大流体压强基本相同。

同样浆液水灰比条件下，单裂隙与交叉裂隙的裂隙浆液平均流速及基质微孔平均流速均大致相同。水灰比越大，裂隙浆液平均流速越大，这与第3章承压状态下粗糙裂隙浆液流动试验关于水灰比对浆液流速影响的结论在趋势上是一致的，而泥岩基质微孔平均流速不受浆液水灰比的影响。裂隙浆液流速远大于泥岩基质微孔流速（约大6个数量级），这与第2章泥岩孔隙CT扫描获得的泥岩孔隙连通性较差的结论是一致的。根据第4章承压状态下破碎泥岩注浆加固体力学特性参数，采用巷道围岩变形控制数值模型分析对比了注浆加固前后破碎泥岩巷道底板变形特性，结果表明注浆加固后，巷道底板底鼓现象明显改善，注浆后底板变形（位移、应力）均较注浆前有明显减小，表明采用改进后超细水泥浆液加固巷道底板的方式是有效的。

6 结论与展望

6.1 主要结论与创新点

6.1.1 主要结论

本书以破裂泥岩注浆浆液渗透特性为研究对象，通过自主研发的泥岩注浆试验系统，综合采用室内试验、理论分析和数值模拟相结合的方法，对泥岩注浆浆液非线性渗流及其加固特性进行研究，主要得出以下几点结论：

(1) X射线衍射分析结果表明该泥岩组成部分主要为石英、长石和黏土矿物，所占比例分别为48%、12%和36%。通过密度法计算可得泥岩近似孔隙率为23.1%。SEM测试结果表明泥岩试样大部分孔隙均小于5 mm。MIP测试结果表明泥岩孔隙尺寸集中在10～20 nm范围内，根据Hodot分类，该孔隙类型属于中孔。氮吸附测试结果表明中孔(2～50 nm)占85.6%，而大孔(>50 nm)体积较少，仅占14.4%。CT扫描三维重构结果表明泥岩试样内部孔隙具有密集、微小且孔隙连通性差等特点。泥岩试样单轴压缩破坏形态表现出“裂隙-破碎”形式，即随外力荷载增加泥岩破坏先由裂隙开始，继而裂隙扩展，最后众裂隙相互贯穿，使裂隙岩体向破碎岩体转化。

(2) 利用自主研发的应力作用裂隙岩体注浆浆液流动可视化试验系统，开展了粗糙单裂隙和多裂隙的注浆浆液流动试验。结果表明承压条件下，不同浆液水灰比和不同裂隙粗糙度影响下的浆液水力梯度 J 与体积流速 Q 均具有非线性关系，拟合结果符合Forchheimer非线性流动定律。给定法向荷载(F_N)，随浆液水灰比增大和裂隙分形维数(D)减小，浆液最大体积流速 Q_{max} 均增大，这与文献关于流速与裂隙粗糙度关系的结论是一致的[185]，意味着水灰比和 D 对裂隙注浆浆液流动特性均有明显影响。对于多裂隙注浆，Q_{max} 随水灰比和 D 变化趋势与单裂隙是一致的。同时，给定水灰比和 D，随 F_N 的增加，Q_{max} 值均减小，说明法向荷载对裂隙注浆浆液流动特性有影响。对于单裂隙和多裂隙，Forchheimer拟合方程中非线性系数 a 和线性系数 b 均随法向荷载 F_N 的增大而增大，且 F_N 越大，变化振幅越大，这与 Yin 等[177]的试验结果趋势相一致。归一化导浆系数（T/T_0）随雷诺数（Re）增大而发生明显变化，这表明浆液流动过程经历黏性阶段、弱惯性效应阶段和强惯性效应阶段。固定水灰比及 D，随 F_N 增大，T/T_0-Re 曲线向下移动，该曲线变化趋势与 Zimmerman 等[61]的研究结果基本一致。对于不同 F_N，随水灰比和 D 增大，Forchheimer 系数 β 均减小。给定 F_N，随水灰比增大，J_c 减小，Re_c 增大；给定水灰比，随 F_N 增加，J_c 增大而 Re_c 减小，该趋势与 Yin 等[177]的试验结果相一致；给定 F_N，J_c 随 D 的增大而增大。

（3）利用自行研制的承压状态下破碎泥岩注浆可视化试验装置，开展了不同浆液水灰比、不同上覆岩层压力及不同粒径尺寸影响下的破碎泥岩注浆加固试验，结果表明轴向应力作用下，破碎泥岩注浆加固体主要呈现张拉和剪切破坏。相同粒径（5～10 mm）和浆液水灰比（1.2 或 2.0）条件下，随上覆岩层压力增加（4 kN 增加到 8 kN），泥岩加固体抗压强度增大；无承压条件下，加固体抗压强度明显小于承压条件下所对应的抗压强度，表明承压条件下的破碎泥岩注浆加固体具有结构效应，这种结构效应随上覆岩层压力的增加而越发明显。相同粒径（5～10 mm）和上覆岩层压力（8 kN）条件下，随浆液水灰比增加（1.2 变为 2.0），泥岩加固体抗压强度减小。相同上覆岩层压力（4 kN）和水灰比（1.2）条件下，随破碎泥岩粒径尺寸增加，注浆加固体抗压强度增加。上述情况表明上覆岩层压力、浆液水灰比和泥岩粒径尺寸均对破碎泥岩注浆加固体力学特性有明显影响。相同粒径（5～10 mm）和浆液水灰比（1.2）条件下，随上覆岩层压力增加（4 kN 增加到 8 kN），细观裂隙宽度并未有明显变化。相同粒径（5～10 mm）和上覆岩层压力（4 kN）条件下，随浆液水灰比增加（1.2 变为 2.0），细观裂隙宽度增加。相同上覆岩层压力（8 kN）、水灰比（1.2）和粒径（5～10 mm）条件下，不加 HPMC 的浆液所对应的注浆加固体细观裂隙较加 HPMC 的大。这些均表明水泥浆液水灰比、粒径尺寸对注浆加固体结构细观破坏特性有一定影响，其中水灰比影响最大，其次为粒径尺寸，最小的是上覆岩层压力。

（4）根据五间房煤田西一矿首采 1302 工作面底板泥岩裂隙-基质微孔结构特征，建立裂隙-微孔注浆数值模型模拟了巷道底板泥岩注浆浆液渗透过程，获得了浆液在泥岩裂隙-基质微孔中的渗透规律：水灰比越大，裂隙浆液平均流速越大；泥岩基质微孔平均流速不受浆液水灰比的影响，且裂隙浆液流速远大于泥岩基质微孔流速（约大 6 个数量级），这与第 2 章泥岩孔隙 CT 扫描获得的泥岩孔隙连通性较差的结论是一致的。基于第 4 章承压状态下破碎泥岩注浆加固体力学特性参数，利用巷道围岩变形控制数值模型分析对比了注浆加固前后破碎泥岩巷道底板变形特性，结果表明：较注浆前，注浆后的底板变形（位移、应力）明显减小，另外，运用改进后的超细水泥浆液对巷道进行注浆加固可有效改善底板底鼓现象。

6.2 研究展望

本书通过岩体孔隙分析设备、应力作用裂隙岩体注浆浆液流动可视化试验系统、承压状态下破碎泥岩注浆可视化试验系统及数值分析，对泥岩注浆浆液非线性渗流及其加固特性进行初步研究。然而，由于泥岩工程围岩赋存环境较为复杂，破裂泥岩注浆仍有许多问题亟待解决：

(1) 受限于实际弱胶结泥岩稳定性差、易受扰动影响，且遇水易膨胀、软化等特征，本书裂隙注浆浆液流动试验采用高精度有机玻璃裂隙样本模拟泥岩裂隙样本(因每组注浆试验时间极短，故可忽略泥岩从浆液中吸水特性)，然而实际注浆工程时间较长，需考虑泥岩对浆液中水的吸收作用。因此，急需研究弱胶结泥岩裂隙样本精确制作和试验技术，在此基础上对应力条件下实际泥岩裂隙注浆进行深入研究，以揭示泥岩裂隙注浆浆液渗透特性。

(2) 复杂应力条件下，泥岩裂隙可能发生闭合，注浆过程中，浆液应首先劈开裂隙，即发生劈裂注浆，继而浆液在开启的裂隙中渗透，因而应开展含裂隙泥岩的劈裂-渗透注浆试验并考虑裂隙的动态劈裂扩展特性，揭示裂隙泥岩劈裂-渗透注浆机理。

(3) 本书破碎泥岩注浆研究主要集中在注浆加固体力学特性及宏观-细观破坏特性，对于破碎泥岩注浆浆液非线性渗流特性尚未涉及。因此，应开展关于破碎泥岩注浆浆液非线性渗流特性研究。另外，本书重点关注水灰比、上覆岩层压力等因素对破碎泥岩注浆加固体力学及细观特性的影响，故设置注浆加固体养护时间为 3 天，时间较短，导致注浆加固体整体强度不大，应进一步考虑养护时间对注浆加固体力学特性的影响。

(4) 本书获得了承压状态下裂隙泥岩注浆浆液非线性流动特征，应将这些成果应用到含复杂、随机分布裂隙网络的实际工程中，以揭示复杂、随机分布裂隙(网络)注浆浆液渗透机制。

(5) 本书在裂隙中安装高强度弹簧实现了法向荷载对裂隙宽度的影响，从而模拟隙宽动态变化。受工程扰动及地应力等影响，泥岩裂隙可能会发生剪切滑移，进而改变流体运移通道，使裂隙注浆浆液渗透特性发生变化，因此，对不同剪切位移粗糙裂隙注浆也是下一步研究的重点。

参考文献

[1] 商海星,陆海军,李继祥,等.裂隙岩体注浆结石体收缩变形与抗剪强度[J].科学技术与工程,2016,16(36):231-235.

[2] 许延春,李昆奇,谢小锋,等.裂隙岩体损伤的注浆加固效果试验[J].西安科技大学学报,2017,37(1):26-31.

[3] 郑卓,李术才,刘人太,等.裂隙岩体注浆中的浆液-岩体耦合效应分析[J].岩石力学与工程学报,2015,34(增刊2):4054-4062.

[4] 郭栋.隧道裂隙岩体注浆加固机理及其应用研究[J].建筑技术开发,2015,42(5):48-52.

[5] LEE J S,SAGONG M,PARK J,et al. Experimental analysis of penetration grouting in umbrella arch method for tunnel reinforcement[J]. International journal of rock mechanics and mining sciences,2020,130:104346.

[6] 王永炜.中国煤炭资源分布现状和远景预测[J].煤,2007,16(5):44-45.

[7] 孟庆彬,韩立军,乔卫国,等.极弱胶结地层开拓巷道围岩演化规律与监测分析[J].煤炭学报,2013,38(4):572-579.

[8] 布和朝鲁.内蒙古煤炭资源开发现状、问题与对策分析[J].北方经济,2007(17):18-20.

[9] 刘艳英.浅析内蒙古煤炭资源开发利用中存在的问题及对策[J].赤峰学院学报(自然科学版),2008,24(2):100-102.

[10] 何满潮,谢和平,彭苏萍,等.深部开采岩体力学研究[J].岩石力学与工程学报,2005,24(16): 2803-2813.

[11] 周宏伟,谢和平,左建平.深部高地应力下岩石力学行为研究进展[J].力学进展,2005,35(1):91-99.

[12] 贺永年,韩立军,邵鹏,等.深部巷道稳定的若干岩石力学问题[J].中国矿业大学学报,2006,35(3):288-295.

[13] 贾海宾,苏丽君,秦哲.弱胶结地层巷道地应力数值反演[J].山东科技大学学报(自然科学版),2011,30(5):30-35.

[14] 亓荣强.鲁新煤矿弱胶结软岩巷道支护技术[J].煤炭科技,2012(3):

88-90.

[15] 孔令辉.弱胶结软岩巷道围岩稳定性分析及支护优化研究[D].青岛:山东科技大学,2011.

[16] 何满潮.煤矿软岩工程与深部灾害控制研究进展[J].煤炭科技,2012(3):1-5.

[17] 刘高,聂德新,韩文峰.高应力软岩巷道围岩变形破坏研究[J].岩石力学与工程学报,2000,19(6):726-730.

[18] 何满潮,景海河,孙晓明.软岩工程力学[M].北京:科学出版社,2002.

[19] 靖洪文,李元海,赵保太.软岩工程支护理论与技术[M].徐州:中国矿业大学出版社,2008.

[20] 刘泉声,周越识,卢超波,等.含裂隙泥岩注浆前后力学特性试验研究[J].采矿与安全工程学报,2016,33(3):509-514.

[21] 黄德发,王宗敏,杨彬.地层注浆堵水与加固施工技术[M].徐州:中国矿业大学出版社,2003.

[22] 杨米加,陈明雄,贺永年.注浆理论的研究现状及发展方向[J].岩石力学与工程学报,2001,20(6):839-841.

[23] 罗平平,何山,张玮,等.岩体注浆理论研究现状及展望[J].山东科技大学学报(自然科学版),2005,24(1):46-48.

[24] 丁振宇.上海地铁隧道壁后注浆的地表顶升回落规律的研究[D].北京:煤炭科学研究总院,2004.

[25] 孙克国.注浆控制岩溶隧道突水地质灾害的机理和模拟方法研究[D].济南:山东大学,2010.

[26] 黄戡.裂隙岩体中隧道注浆加固理论研究及工程应用[D].长沙:中南大学,2011.

[27] 王金华,魏景云,宁宇,等.巷道围岩化学加固理论及其实践[J].煤炭学报,1996,21(5):481-486.

[28] 康红普,冯志强.煤矿巷道围岩注浆加固技术的现状与发展趋势[J].煤矿开采,2013,18(3):1-7.

[29] 刘文永,王新刚,冯春喜.注浆材料与施工工艺[M].北京:中国建材工业出版社,2008.

[30] 何修仁,等.注浆加固与堵水[M].沈阳:东北工学院出版社,1990.

[31] 殷金虎,贺子奇.地下工程注浆材料与注浆技术的研究应用现状[J].建材技术与应用,2007(9):13-15.

[32] 王元光,黄文新.灌浆材料的发展现状与展望[J].广东建材,2002,18(11):

10-13.
[33] 郑秀华.水泥-水玻璃浆材在灌浆工程中的应用[J].水文地质工程地质,2000,27(2):59-61.
[34] 罗永忠.水泥-粉煤灰浆液试验及工程应用[J].公路交通技术,2005,21(2):26-29.
[35] 冯向东.粘土水泥浆材料的选择[J].煤田地质与勘探,2000,28(1):43-45.
[36] 鲁长亮,黄生文,李伟.粘土-水泥浆液在路基加固中的应用研究[J].中外公路,2007,27(3):211-214.
[37] 闫勇,郑秀华.水泥-水玻璃浆液性能试验研究[J].水文地质工程地质,2004,31(1):71-72.
[38] 刘嘉材.聚氨酯灌浆原理和技术[J].水利学报,1980,11(1):71-75.
[39] 勾攀峰,张义顺."水泥-黏土-粉煤灰-生石灰"固化浆液性能试验[J].煤炭学报,2002,27(2):148-151.
[40] 杨秀竹,王星华,雷金山.正交法在注浆材料优化设计中的应用[J].探矿工程(岩土钻掘工程),2004,31(3):7-9.
[41] 郑玉辉.裂隙岩体注浆浆液与注浆控制方法的研究[D].长春:吉林大学,2005.
[42] 阮文军,王文臣,胡安兵.新型水泥复合浆液的研制及其应用[J].岩土工程学报,2001,23(2):212-216.
[43] 刘长武,陆士良.水泥注浆加固对工程岩体的作用与影响[J].中国矿业大学学报,2000,29(5):454-458.
[44] 阮文军.基于浆液粘度时变性的岩体裂隙注浆扩散模型[J].岩石力学与工程学报,2005,24(15):2709-2714.
[45] 阮文军.注浆扩散与浆液若干基本性能研究[J].岩土工程学报,2005,27(1):69-73.
[46] 刘嘉材.裂缝灌浆扩散半径研究[C]//中国水利水电科学院科学研究论文集.[S.l:s.n],1982: 186-195.
[47] 郑卓,杨红鲁,高岩.动水作用下单一裂隙浆液扩散机理研究[J].应用基础与工程科学学报,2022,30(1):154-165.
[48] 郝哲,杨栋.土体注浆理论评述[J].有色矿冶,2004,20(3):16-19.
[49] 张良辉.岩土灌浆渗流机理及渗流力学[D].北京:北方交通大学, 1997.
[50] 湛铠瑜,隋旺华,高岳.单一裂隙动水注浆扩散模型[J].岩土力学,2011,32(6):1659-1663.
[51] 杨晓东,刘嘉材.水泥浆材灌入能力研究[C]//中国水利水电科学院科学研

究论文集第 27 集.北京:水利电力出版社,1987.
[52] MOON H K,SONG M K. Numerical studies of groundwater flow,grouting and solute transport in jointed rock mass[J]. International journal of rock mechanics and mining sciences,1997,34(3/4):206.
[53] 郝哲,王介强,刘斌.岩体渗透注浆的理论研究[J].岩石力学与工程学报,2001,20(4):492-496.
[54] 杨米加,陈明雄,贺永年.裂隙岩体注浆模拟实验研究[J].实验力学,2001,16(1):105-112.
[55] 罗平平,陈蕾,邹正盛.空间岩体裂隙网络灌浆数值模拟研究[J].岩土工程学报,2007,29(12):1844-1848.
[56] 张有天.岩石水力学与工程[M].北京:中国水利水电出版社,2005.
[57] 仵彦卿,张倬元.岩体水力学导论[M].成都:西南交通大学出版社,1995.
[58] 仵彦卿.岩体水力学概述[J].地质灾害与环境保护,1995,6(1):57-64.
[59] ZHANG Z Y,NEMCIK J. Fluid flow regimes and nonlinear flow characteristics in deformable rock fractures[J]. Journal of hydrology,2013,477:139-151.
[60] ZIMMERMAN R W,CHEN D W,COOK N G W. The effect of contact area on the permeability of fractures[J]. Journal of hydrology,1992,139(1/2/3/4):79-96.
[61] ZIMMERMAN R W,AL-YAARUBI A,PAIN C C,et al. Non-linear regimes of fluid flow in rock fractures[J]. International journal of rock mechanics and mining sciences,2004,41:163-169.
[62] 刘才华,陈从新,付少兰.二维应力作用下岩石单裂隙渗流规律的实验研究[J].岩石力学与工程学报,2002,21(8):1194-1198.
[63] 蒋宇静,王刚,李博,等.岩石节理剪切渗流耦合试验及分析[J].岩石力学与工程学报,2007,26(11):2253-2259.
[64] 蒋宇静,李博,王刚,等.岩石裂隙渗流特性试验研究的新进展[J].岩石力学与工程学报,2008,27(12):2377-2386.
[65] 张世殊.溪洛渡水电站坝基岩体钻孔常规压水与高压压水试验成果比较[J].岩石力学与工程学报,2002,21(3):385-387.
[66] 蒋中明,冯树荣,傅胜,等.某水工隧洞裂隙岩体高水头作用下的渗透性试验研究[J].岩土力学,2010,31(3):673-676.
[67] 蒋中明,陈胜宏,冯树荣,等.高压条件下岩体渗透系数取值方法研究[J].水利学报,2010,41(10):1228-1233.

[68] 王媛，金华，李冬田. 裂隙岩体深埋长隧洞断裂控水模型及突、涌水量多因素综合预测[J]. 岩石力学与工程学报，2012，31(8)：1567-1573.
[69] 孟如真，胡少华，陈益峰，等. 高渗压条件下基于非达西流的裂隙岩体渗透特性研究[J]. 岩石力学与工程学报，2014，33(9)：1756-1764.
[70] 秦峰，王媛. 非达西渗流研究进展[J]. 三峡大学学报（自然科学版），2009，31(3)：25-29.
[71] 陈占清，王路珍，孔海陵，等. 变质量破碎岩体非线性渗流试验研究[J]. 煤矿安全，2014，45(2)：15-17.
[72] 李顺才，缪协兴，陈占清，等. 破碎岩体非等温渗流的非线性动力学研究[J]. 力学学报，2010，42(4)：652-659.
[73] 蔡金龙，周志芳. 粗糙裂隙渗流研究综述[J]. 勘察科学技术，2009(4)：18-23.
[74] 王媛，速宝玉，徐志英. 裂隙岩体渗流模型综述[J]. 水科学进展，1996，7(3)：276-282.
[75] 仵彦卿. 岩体结构类型与水力学模型[J]. 岩石力学与工程学报，2000，19(6)：687-691.
[76] 宋晓晨. 裂隙岩体渗流非连续介质数值模型研究及工程应用[D]. 南京：河海大学，2004.
[77] 仵彦卿. 岩体水力学基础（六）：岩体渗流场与应力场耦合的双重介质模型[J]. 水文地质工程地质，1998，25(1)：43-46.
[78] 仵彦卿. 岩体水力学基础（四）：岩体渗流场与应力场耦合的等效连续介质模型[J]. 水文地质工程地质，1997，24(3)：10-14.
[79] BIOT M A. General theory of three-dimensional consolidation[J]. Journal of applied physics，1941，12(2)：155-164.
[80] BIOT M A. Theory of propagation of elastic waves in a fluid-saturated porous solid. Ⅰ. low-frequency range[J]. The journal of the acoustical society of America，1956，28(2)：168-178.
[81] BIOT M A. Theory of propagation of elastic waves in a fluid-saturated porous solid. Ⅱ. higher frequency range[J]. The journal of the acoustical society of America，1956，28(2)：179-191.
[82] 杨天鸿. 岩石破裂过程渗透性质及其与应力耦合作用研究[D]. 沈阳：东北大学，2001.
[83] 陈平，张有天. 裂隙岩体渗流与应力耦合分析[J]. 岩石力学与工程学报，1994，13(4)：299-308.

[84] 王媛,刘杰.裂隙岩体非恒定渗流场与弹性应力场动态全耦合分析[J].岩石力学与工程学报,2007,26(6):1150-1157.

[85] 王媛,刘杰.裂隙岩体渗流场与应力场动态全耦合参数反演[J].岩石力学与工程学报,2008,27(8):1652-1658.

[86] 王媛.单裂隙面渗流与应力的耦合特性[J].岩石力学与工程学报,2002,21(1):83-87.

[87] 黄涛,杨立中.隧道裂隙岩体温度-渗流耦合数学模型研究[J].岩土工程学报,1999,21(5):554-558.

[88] 赖远明,吴紫汪,朱元林,等.寒区隧道温度场、渗流场和应力场耦合问题的非线性分析[J].岩土工程学报,1999,21(5):529-533.

[89] 刘仲秋,章青.岩体中饱和渗流应力耦合模型研究进展[J].力学进展,2008,38(5):585-600.

[90] 王恩志.岩体裂隙的网络分析及渗流模型[J].岩石力学与工程学报,1993,12(3):214-221.

[91] 贺少辉,廖国华,李中林.裂隙岩体初始裂隙网络渗流模型研究[J].南方冶金学院学报,1995,16(2):27-35.

[92] 柴军瑞.岩体裂隙网络非线性渗流分析[J].水动力学研究与进展(A辑),2002,17(2):217-221.

[93] 王洪涛,聂永丰,李雨松.耦合岩体主干裂隙和网络状裂隙渗流分析及应用[J].清华大学学报(自然科学版),1998,38(12):23-26.

[94] DVERSTORP B, ANDERSSON J. Application of the discrete fracture network concept with field data:possibilities of model calibration and validation[J]. Water resources research,1989,25(3):540-550.

[95] 张有天,刘中.降雨过程裂隙网络饱和/非饱和、非恒定渗流分析[J].岩石力学与工程学报,1997,16(2):104-111.

[96] 杜广林,周维垣,赵吉东.裂隙介质中的多重裂隙网络渗流模型[J].岩石力学与工程学报,2000,19(增刊1):1014-1018.

[97] 柴军瑞.大坝及其周围地质体中渗流与应力场耦合分析[D].西安:西安理工大学,2000.

[98] 王恩志,杨成田.裂隙网络地下水流数值模型及非连通裂隙网络水流的研究[J].水文地质工程地质,1992,19(1):12-14.

[99] BARENBLATT G I,ZHELTOV I P,KOCHINA I N. Basic concepts in the theory of seepage of homogeneous liquids in fissured rocks strata[J]. Journal of applied mathematics and mechanics,1960,24(5):1286-1303.

[100] AIFANTIS E C. On the problem of diffusion in solids[J]. Acta mechanica,1980,37(3/4):265-296.

[101] 宋晓晨,徐卫亚. 裂隙岩体渗流概念模型研究[J]. 岩土力学,2004,25(2):226-232.

[102] 刘耀儒,杨强,黄岩松,等. 基于双重孔隙介质模型的渗流-应力耦合并行数值分析[J]. 岩石力学与工程学报,2007,26(4):705-711.

[103] 刘先珊,刘新荣. 裂隙岩体非稳定渗流的离散-连续介质模型[J]. 煤炭学报,2007,32(9):921-925.

[104] 苏培莉. 裂隙煤岩体注浆加固渗流机理及其应用研究[D]. 西安:西安科技大学,2010.

[105] 杨米加. 随机裂隙岩体注浆渗流机理及其加固后稳定性分析[D]. 徐州:中国矿业大学, 1999.

[106] 杨米加,贺永年,陈明雄. 裂隙岩体网络注浆渗流规律[J]. 水利学报,2001,32(7):41-46.

[107] 杨米加,贺永年,陈国锋. 水泥注浆渗透机理初探[J]. 力学与实践,1997,19(5): 45-48.

[108] 陈国锋,杨米加. ZKD 高水速凝材料浆的流动性能及其堵水机理的研究[J]. 山西煤炭,1997,17(5): 29-32.

[109] 杨坪. 砂卵(砾)石层模拟注浆试验及渗透注浆机理研究[D]. 长沙:中南大学,2005.

[110] 杨坪,唐益群,彭振斌,等. 砂卵(砾)石层中注浆模拟试验研究[J]. 岩土工程学报,2006,28(12):2134-2138.

[111] 张丁阳. 裂隙岩体动水注浆扩散多场耦合机理研究[D]. 徐州:中国矿业大学,2018.

[112] RAU G C,ANDERSEN M S,ACWORTH R I. Experimental investigation of the thermal dispersivity term and its significance in the heat transport equation for flow in sediments[J]. Water resources research,2012,48(3): 1346-1367.

[113] SHARMEEN R,ILLMAN W A,BERG S J,et al. Transient hydraulic tomography in a fractured dolostone:laboratory rock block experiments[J]. Water resources research,2012,48(10):2012WR012216.

[114] QIAN J Z,ZHAN H B,ZHAO W D,et al. Experimental study of turbulent unconfined groundwater flow in a single fracture[J]. Journal of hydrology,2005,311(1/2/3/4):134-142.

[115] LIU R C,LI B,JIANG Y J. Critical hydraulic gradient for nonlinear flow through rock fracture networks: the roles of aperture, surface roughness, and number of intersections[J]. Advances in water resources, 2016,88:53-65.

[116] DETOURNAY E M. Hydraulic conductivity of closed rock fracture: an experimental and analytical study[C]//Underground rock engineering, proceedings of the 13th Canadian rock mechanics symposium,1980:168-173.

[117] BANDIS S C,LUMSDEN A C,BARTON N R. Fundamentals of rock joint deformation[J]. International journal of rock mechanics and mining sciences & geomechanics abstracts,1983,20(6):249-268.

[118] GOODMAN R. Methods of geological engineering in discontinuous rock [M]. [s. l]:West Publishing Company,1976.

[119] BAWDEN W F,CURRAN J H,ROEGIERS J C. Influence of fracture deformation on secondary permeability—A numerical approach[J]. International journal of rock mechanics and mining sciences & geomechanics abstracts,1980,17(5):265-279.

[120] 谢妮,徐礼华,邵建富,等.法向应力和水压力作用下岩石单裂隙水力耦合模型[J].岩石力学与工程学报,2011,30(增刊2):3796-3803.

[121] 金爱兵,王贺,高永涛,等.三维应力下岩石节理面的渗流特性[J].中南大学学报(自然科学版),2015,46(1):267-273.

[122] NOLTE D D,PYRAK-NOLTE L J,COOK N G W. The fractal geometry of flow paths in natural fractures in rock and the approach to percolation[J]. Pure and applied geophysics,1989,131(1/2):111-138.

[123] 尹乾.复杂受力状态下裂隙岩体渗透特性试验研究[D].徐州:中国矿业大学,2017.

[124] 郑少河,赵阳升,段康廉.三维应力作用下天然裂隙渗流规律的实验研究[J].岩石力学与工程学报,1999,18(2): 133-136.

[125] 常宗旭,赵阳升,胡耀青,等.三维应力作用下单一裂缝渗流规律的理论与试验研究[J].岩石力学与工程学报,2004,23(4):620-624.

[126] 王涵,任富强,刘冬桥.三轴应力对单裂隙砂岩渗流特性的影响试验研究[J/OL].土木工程学报,2022. http://doi.org/10.15951/j.tmgcxb.21121296.

[127] 刘继山.结构面力学参数与水力参数耦合关系及其应用[J].水文地质工程地质,1988,15(2):7-12.

[128] 刘继山. 单裂隙受正应力作用时的渗流公式[J]. 水文地质工程地质，1987,14(2):32-33.

[129] 张玉卓，张金才. 裂隙岩体渗流与应力耦合的试验研究[J]. 岩土力学，1997,18(4):59-62.

[130] 申林方，冯夏庭，潘鹏志，等. 单裂隙花岗岩在应力-渗流-化学耦合作用下的试验研究[J]. 岩石力学与工程学报，2010,29(7):1379-1388.

[131] 贺玉龙，杨立中. 围压升降过程中岩体渗透率变化特性的试验研究[J]. 岩石力学与工程学报，2004,23(3):415-419.

[132] 周新，盛建龙，叶祖洋，等. 岩体粗糙裂隙几何特征对其 Forchheimer 型渗流特性的影响[J]. 岩土工程学报，2021,43(11):2075-2083.

[133] 王建秀，胡力绳，张金，等. 高水压隧道围岩渗流-应力耦合作用模式研究[J]. 岩土力学，2008,29(增刊1):237-240.

[134] 蒋海云，张伦超，徐剑飞，等. 基于超细灌浆水泥的双轴逆向制浆机设备性能及适用性试验[J]. 水电与抽水蓄能，2019,5(2):109-114.

[135] 郭东明，李妍妍，左志昊，等. 低黏度超细水泥浆液配比试验研究[J]. 煤矿安全，2019,50(5):72-77.

[136] 文圣勇. 深埋煤岩体注浆加固效应与控制参数研究[D]. 徐州：中国矿业大学，2015.

[137] 郑宇. 粉煤灰体系粒度分布特征的统计分析[J]. 四川建材，2014,40(3):5-7.

[138] 刘锦子，高英力，周士琼，等. 粉煤灰的粒度分形评价及颗粒特征分析[J]. 国外建材科技，2007,28(4):33-36.

[139] 曾祥熹，郑长成. 水泥浆的流变性及其对浆液运动的影响[J]. 华东地质学院学报，1999,22(2):137-141.

[140] 阮文军. 浆液基本性能与岩体裂隙注浆扩散研究[D]. 长春：吉林大学，2003.

[141] 路乔，杨智超，杨志全，等. 考虑扩散路径的宾汉姆流体渗透注浆机制[J]. 岩土力学，2022,43(2):385-394.

[142] 杨志全，卢杰，王渊，等. 考虑多孔介质迂回曲折效应的幂律流体柱形渗透注浆机制[J]. 岩石力学与工程学报，2021,40(2):410-418.

[143] 王帅. 泥质弱胶结岩体水-固耦合机制与结构重组力学特性研究[D]. 徐州：中国矿业大学，2019.

[144] HODOT B. Outburst of coal and coalbed gas[M]. Beijing:China Industry Press,1966.

[145] BARRETT E P, JOYNER L G, HALENDA P P. The determination of pore volume and area distributions in porous substances. Ⅰ. computations from nitrogen isotherms[J]. Journal of the American chemical society, 1951, 73(1): 373-380.

[146] THOMMES M, KANEKO K, NEIMARK A V, et al. Physisorption of gases, with special reference to the evaluation of surface area and pore size distribution (IUPAC Technical Report)[J]. Pure and applied chemistry, 2015, 87(9/10): 1051-1069.

[147] CLARKSON C R, SOLANO N, BUSTIN R M, et al. Pore structure characterization of North American shale gas reservoirs using USANS/SANS, gas adsorption, and mercury intrusion[J]. Fuel, 2013, 103: 606-616.

[148] 李清,侯健,王梦远,等.弱胶结砂质泥岩渐近性破坏力学特性试验研究[J].煤炭学报,2016,41(增刊2):385-392.

[149] CHEN M, YANG S Q, PATHEGAMA GAMAGE R, et al. Fracture processes of rock-like specimens containing nonpersistent fissures under uniaxial compression[J]. Energies, 2018, 12(1): 79.

[150] YANG S Q, CHEN M, JING H W, et al. A case study on large deformation failure mechanism of deep soft rock roadway in Xin'An coal mine, China[J]. Engineering geology, 2017, 217: 89-101.

[151] LEI Q H, LATHAM J P, TSANG C F. The use of discrete fracture networks for modelling coupled geomechanical and hydrological behaviour of fractured rocks[J]. Computers and geotechnics, 2017, 85: 151-176.

[152] JIN Y H, HAN L J, MENG Q B, et al. Mechanical properties of grouted crushed coal with different grain size mixtures under triaxial compression[J]. Advances in civil engineering, 2018, 2018: 1-13.

[153] PARK D, OH J. Permeation grouting for remediation of dam cores[J]. Engineering geology, 2018, 233: 63-75.

[154] JIN Y H, HAN L J, MENG Q B, et al. Experimental investigation of the mechanical behaviors of grouted sand with UF-OA grouts[J]. Processes, 2018, 6(4): 37.

[155] WANG Q, WANG S Y, SLOAN S W, et al. Experimental investigation of pressure grouting in sand[J]. Soils and foundations, 2016, 56(2): 161-173.

[156] WU K,MA M Y,HAO D X. Study on grouting pressure of splitting grouting based on cylindrical expansion considering large strain[J]. Advanced materials research,2011,378/379:288-291.

[157] ZHENG G,ZHANG X S,DIAO Y,et al. Experimental study on grouting in underconsolidated soil to control excessive settlement[J]. Natural hazards,2016,83(3):1683-1701.

[158] SUI W H,LIU J Y,HU W,et al. Experimental investigation on sealing efficiency of chemical grouting in rock fracture with flowing water[J]. Tunnelling and underground space technology,2015,50:239-249.

[159] LEE J S,BANG C S,MOK Y J,et al. Numerical and experimental analysis of penetration grouting in jointed rock masses[J]. International journal of rock mechanics and mining sciences,2000,37(7):1027-1037.

[160] FUNEHAG J,FRANSSON Å. Sealing narrow fractures with a newtonian fluid:model prediction for grouting verified by field study[J]. Tunnelling and underground space technology,2006,21(5):492-498.

[161] KIM H M,LEE J W,YAZDANI M,et al. Coupled viscous fluid flow and joint deformation analysis for grout injection in a rock joint[J]. Rock mechanics and rock engineering,2018,51(2):627-638.

[162] HÄSSLER L,HÅKANSSON U,STILLE H. Computer-simulated flow of grouts in jointed rock[J]. Tunnelling and underground space technology,1992,7(4):441-446.

[163] ZIMMERMAN R W,BODVARSSON G S. Hydraulic conductivity of rock fractures[J]. Transport in porous media,1996,23(1):1-30.

[164] BRUSH D J,THOMSON N R. Fluid flow in synthetic rough-walled fractures:Navier-Stokes,Stokes,and local cubic law simulations[J]. Water resources research,2003,39(4): 10. 1029/2002WR001346.

[165] KO N Y,JI S H,KOH Y K,et al. Hydraulic conceptualization of a single fracture using hydraulic interference tests at a deep underground condition[J]. Geosciences journal,2018,22(4):581-588.

[166] MA D,DUAN H Y,LIU J F,et al. The role of gangue on the mitigation of mining-induced hazards and environmental pollution:an experimental investigation[J]. Science of the total environment,2019,664:436-448.

[167] SNOW D T. Anisotropie permeability of fractured media[J]. Water resources research,1969,5(6):1273-1289.

[168] YU C,LI D. Heterogeneity characteristics of flow and transport fields through rough-walled fractures[J]. European journal of environmental and civil engineering,2018,22(5):614-627.

[169] FORCHHEIMER P. Wasserbewegung durch boden[J]. Zeitschrift verein deutscher ingenieure,1901,45(5):1782-1788.

[170] MANDELBROT B. The fractal geometry of nature[M]. New York: W. H. Freeman,1982.

[171] FEDER J. Fractals[M]. New York:Plenum Press,1988.

[172] 陈玉军,董芳芳.弹簧串并联特点及应用[J].物理通报,2014(1):40-43.

[173] 周李宜.由电阻、电容串并联到弹簧串并联问题的探究[J].实验教学与仪器,2019,36(4):69-70.

[174] JI S H,LEE H B,YEO I W,et al. Effect of nonlinear flow on DNAPL migration in a rough-walled fracture[J]. Water resources research,2008,44(11): 10.1029/2007WR006712.

[175] 李博,汪佳飞,刘日成,等.岩石裂隙压剪变形破坏与非线性渗流特性[J].工程科学与技术,2021,53(6):103-112.

[176] XIA C C,QIAN X,LIN P,et al. Experimental investigation of nonlinear flow characteristics of real rock joints under different contact conditions [J]. Journal of hydraulic engineering,2017,143(3): 10.1061/(ASCE) HY.1943-7900.0001238.

[177] YIN Q,MA G W,JING H W,et al. Hydraulic properties of 3D rough-walled fractures during shearing:an experimental study[J]. Journal of hydrology,2017,555:169-184.

[178] 熊峰,姜清辉,陈胜云,等.裂隙-孔隙双重介质 Darcy-Forchheimer 耦合流动模拟方法及工程应用[J].岩土工程学报,2021,43(11):2037-2045.

[179] WANG M,CHEN Y F,MA G W,et al. Influence of surface roughness on nonlinear flow behaviors in 3D self-affine rough fractures:lattice Boltzmann simulations[J]. Advances in water resources,2016,96:373-388.

[180] ZHANG W,DAI B B,LIU Z,et al. A pore-scale numerical model for non-Darcy fluid flow through rough-walled fractures[J]. Computers and geotechnics,2017,87:139-148.

[181] CHEN Y D,LIAN H J,LIANG W G,et al. The influence of fracture geometry variation on non-Darcy flow in fractures under confining stresses [J]. International journal of rock mechanics and mining sciences,2019,

113:59-71.

[182] MA D,DUAN H Y,LI X B,et al. Effects of seepage-induced erosion on nonlinear hydraulic properties of broken red sandstones[J]. Tunnelling and underground space technology,2019,91:102993.

[183] ZENG Z W,GRIGG R. A criterion for non-darcy flow in porous media [J]. Transport in porous media,2006,63(1):57-69.

[184] RONG G,YANG J,CHENG L,et al. Laboratory investigation of nonlinear flow characteristics in rough fractures during shear process[J]. Journal of hydrology,2016,541:1385-1394.

[185] 雷进生,姚奇,李申,等. 基于逆向工程和数值模拟的裂隙渗流特性分析[J]. 工程勘察,2016,44(9):36-41.

[186] 张晓君,林芊君,宋秀丽,等. 裂隙岩体损伤破裂演化超声波量化预测研究[J]. 采矿与安全工程学报,2017,34(2):378-383.

[187] 李春元. 深部强扰动底板裂隙岩体破裂机制及模型研究[D]. 北京:中国矿业大学(北京),2018.